建设工程 BIM 实践与项目全生命期应用研究

广州市建设科学技术委员会办公室　主编

中国建筑工业出版社

图书在版编目（CIP）数据

建设工程 BIM 实践与项目全生命期应用研究/广州市
建设科学技术委员会办公室主编．—北京：中国建筑工
业出版社，2017.7
ISBN 978-7-112-20914-9

Ⅰ.①建… Ⅱ.①广… Ⅲ.①建筑设计-计算机辅助
设计-应用软件 Ⅳ.①TU201.4

中国版本图书馆 CIP 数据核字（2017）第 152318 号

本书共分为三个部分，首先详细介绍了 BIM 技术在广州市建筑行业内的应用和发展
状况，然后选取了广州市 BIM 技术应用典型案例进行解读，最后根据广州 BIM 应用经验，
结合相关 BIM 标准文件等，总结一套符合行业需求的 BIM 应用指南，为当前的 BIM 实施
提供指导。具体如下：第 1 章综述 BIM 技术的概念、发展和 BIM 技术在建筑行业的主要
应用范围；第 2 章针对广州市的 BIM 技术推广政策、具体应用和发展趋势进行剖析；第 3
章至第 9 章选取了广州市典型工程案例，涵盖设计、施工、工程算量等具体应用，详细介
绍 BIM 技术在广州市建筑行业的实践并总结经验；而第 10 章至第 14 章的应用指南部分依
次为概述、BIM 技术基础、设计阶段、施工阶段、运维阶段、BIM 项目实施。

本书内容丰富、案例翔实、逻辑科学，是深入了解 BIM 技术应用和发展的绝佳读物。
可作为建筑行业从业人员、研究人员开展 BIM 技术应用和研究的重要参考资料。

责任编辑：付　娇　王　磊　石枫华
责任设计：王国羽
责任校对：焦　乐　王雪竹

建设工程 BIM 实践与项目全生命期应用研究
广州市建设科学技术委员会办公室　主编

*

中国建筑工业出版社出版、发行（北京海淀三里河路 9 号）
各地新华书店、建筑书店经销
唐山龙达图文制作有限公司制版
北京建筑工业印刷厂印刷

*

开本：787×1092 毫米　1/16　印张：16¼　字数：402 千字
2018 年 2 月第一版　2018 年 2 月第一次印刷
定价：**76.00** 元
ISBN 978-7-112-20914-9
（30529）

本书编委会

主　编：王　洋
副主编：胡芝福　徐　宁　杨国龙　王远利
参　编：葛家良　姜素婷　蒋徐进　梁江滨　徐淦开　邓艺帆
　　　　令狐延　周舜英　肖金水　俞军燕　刘萍昌　吴少平
　　　　许志坚　郭向阳　张国真　刘　杰　陈剑辉　李　杰
　　　　孙　晖　许锡雁　潘梓宁　黄　健　李俊德　张伟忠
　　　　欧阳开　林臻哲　林栋熙　胡凯勇　陈昌恒

主编单位：广州市建设科学技术委员会办公室
参编单位：广东省建筑科学研究院集团股份有限公司
　　　　　中国建筑第四工程局有限公司
　　　　　广州地铁集团有限公司
　　　　　广东省建筑工程集团有限公司
　　　　　广东省建筑设计研究院
　　　　　广州机施建设集团有限公司
　　　　　广州华森建筑与工程设计顾问有限公司
　　　　　中天建设集团有限公司第七建设公司
　　　　　广州永道工程咨询有限公司

前　　言

建筑信息模型（Building Information Modeling，简称 BIM）是以建筑工程项目的各项相关信息数据作为基础，为建设项目全生命周期投资、设计、施工和运维服务的"数字模型"。随着近年建筑技术、信息传递技术的提高以及人们对可持续性建筑的不断深入研究，BIM 得到了广泛认识，并被寄予厚望，希望 BIM 技术的应用能够促进建筑领域生产方式的变革。

以 BIM 应用为载体的项目管理信息化，可大幅度提高建筑工程的信息技术集成化程度，促进建筑业生产方式的转变，提高建设项目全生命周期的质量和效率。对于投资，通过精确计算工程量，快速准确提供投资数据，可减少造价管理方面的漏洞，有效控制造价和投资；对于设计，支撑绿色建筑设计、强化设计协调，使设计周期、效率以及品质得到明显提高；对于施工，支撑工业化建造和绿色施工，优化施工组织设计和方案，合理配置项目生产要素；对于运维，通过对设备运行的实时监控，对能源的有效管理，提高建筑的空间管理、资产管理和应急管理水平。

BIM 作为近年建筑行业内最具发展潜力的技术之一，受到我国政府和行业协会的高度重视。2011 年 5 月，住房和城乡建设部印发的《2011～2015 年建筑业信息化发展规划纲要》（建质［2011］67 号）把 BIM 技术列为国家"十二五"科技支撑计划的重点研究和推广应用技术。2016 年 9 月，住房和城乡建设部印发《2016～2020 年建筑业信息化发展纲要》（建质函［2016］183 号），提出了"'十三五'时期，全面提高建筑业信息化水平，着力增强 BIM、大数据、智能化、移动通信、云计算、物联网等信息技术集成应用能力，建筑业数字化、网络化、智能化取得突破性进展，初步建成一体化行业监管和服务平台，数据资源利用水平和信息服务能力明显提升，形成一批具有较强信息技术创新能力和信息化应用达到国际先进水平的建筑企业及具有关键自主知识产权的建筑业信息技术企业"的发展目标，旨在通过统筹规划、政策导向、分类指引，进一步提高建筑业整体信息化水平，提升行业 BlM、大数据、智能化、移动通信等信息技术集成应用能力，促进建筑业转型升级。

广州市建设科学技术委员会办公室（以下简称"广州建设科技委办"）十分重视 BIM 的研究和推广应用，2016 年 1 月启动了"建设领域 BIM 技术发展对策研究"课题。课题目标是：通过总结广州 BIM 实践经验，研究 BIM 技术应用，增强广州乃至全国的 BIM 应用能力。课题目标成果之一就是《建设工程 BIM 实践与项目全生命期应用研究》（以下简称《研究》）。在广州市住房和城乡建设委员会的指导下，课题组组织编写了本《研究》。《研究》作为一份严谨、真实的技术资料，可供建筑行业从业人员、研究人员等参考，有助于指导、推动我市及其他省市企业的 BIM 应用。

2016 年是 BIM 技术快速发展的一年，BIM 与其他新技术、新领域的交叉结合衍生出了许多 BIM 创新应用，决策者和技术人员面对众多涌现的新创意，可能会陷入不知所从的窘境。为此，编写组精心选择了广州 BIM 应用特色案例，其中既包含了 BIM 技术的常规应用，也包含了专业范围的创新，将引导读者清晰、准确领会 BIM 技术核心，掌握应用方法。

《研究》共分为三篇：第一篇从 BIM 技术的基本概念认识开始，首先介绍 BIM 技术的发展状况、与传统技术的区别以及在建筑行业内的应用范围，接着阐明广州市 BIM 技术的发展背景、应用现状和前景。第二篇详细介绍广州市 BIM 实践工程案例和广州市建筑行业 BIM 应用情况，实践案例包括：广州中新知识城 BIM 设计施工应用、白云机场噪声区 BIM 计量及设计应用、万科云二期项目 BIM 应用、广州白云国际机场 T2 航站楼 BIM 施工应用、广州地铁广佛线后通段鹤洞站 BIM 技术应用、中国南方航空大厦施工全过程 BIM 技术应用及广州东塔项目 BIM 技术应用——基于 BIM 的施工总承包管理系统的开发与应用。第三篇在广州市 BIM 实践经验的基础上，总结了一套可指导建设工程 BIM 实施的方法和具体流程，主要包括设计阶段、施工阶段、运维阶段、BIM 项目实施等内容。

本书编写分工如下：

第一篇

第 1 章、第 2 章：广东省建筑科学研究院集团股份有限公司

第二篇

第 3 章：广州华森建筑与工程设计顾问有限公司

第 4 章：广州永道工程咨询有限公司

第 5 章：中天建设集团有限公司第七建设公司

第 6 章：广东省建筑工程集团有限公司

第 7 章：广州地铁集团有限公司

第 8 章：广东省建筑设计研究院、广州机施建设集团有限公司

第 9 章：中国建筑第四工程局有限公司

第三篇

第 10 章～第 14 章：广东省建筑科学研究院集团股份有限公司

《研究》是广州市 BIM 应用的实践总结，可作为企业开展 BIM 技术应用的参考资料。鉴于 BIM 技术应用本身还处于探索发展的阶段，广州市 BIM 应用范围、深度和水平及编者水平、编写时间所限，可能还有很多不足之处，有些观点和结论可能片面或者存在一定的局限性，期待将来逐步完善。本《研究》内容仅供参考，并敬请同行批评指正！

此外，本书集合了广州市 BIM 技术实践典范企业和研究团队在繁忙工作之余殚精竭虑付出的成果，在此，对参与本书编写工作的企业和个人表示感谢。同时，对为本书的评审工作给予支持的何关培、史海欧、刘付钧、何炳泉、钟长平、杨焰文、邵泉、葛国富、高嵘、王龙、张明、李松晏等表示诚挚的感谢。在本书编写期间，也得到了多家企业、单位和同行专家的支持，在此一并致谢！

本书编委会

2017 年 5 月

目　　录

第一篇

广州 BIM 发展研究

第 1 章　总　　论

1.1　BIM 的概念

BIM 的概念原型最早于 20 世纪 70 年代提出，1974 年，美国乔治亚理工学院的查克·伊斯曼博士提出 BDS（Building Description System），针对解决建筑图纸冗余，信息不一致，人工摘录图纸信息等问题。

随着 CAD 技术的发展，特别是三维 CAD 技术的发展，产品模型的概念得以发展。2002 年——美国 Autodesk 公司（CAD 软件的主要开发商）明确提出 BIM，BIM 技术开始在建筑工程中得到应用。经过约 10 年的发展，BIM 技术取得很大进步，并已发展成为继 CAD 技术之后行业信息化最重要的新技术。

BIM 是英文 Building Information Modeling 或 Building Information Model 的缩写，代表建筑信息模型化或建筑信息模型。对于 BIM，还没有统一的定义，但是各国出版的标准等文件里都做出了各自的解释，比如：

《美国国家 BIM 标准：第 2 版-FAQs》定义：

建筑信息模型是设施的物理及功能特性的表现，其生成有关该建筑物的共享知识源，并且形成了在建筑物使用寿命期间制定决策的可靠依据，此期间包括最早形成概念直到建筑物被拆除。

《BIM 是什么?》（英国建筑信息模型工作组）定义：

BIM 的主要价值是在创建、整理和交换共享三维模型及其附属智能化、结构化数据的基础上，在成本的整个生命周期进行相互作用。

《弗吉尼亚 BIM 指导》（美国退伍军人事务所）定义：

一个基于设施的物理和功能特性的数字表达对象。该模型作为一个设施相关信息的共享知识源，从形成初步概念开始，就构成了该设施整个寿命期间制定决策的可靠依据。

《建筑信息模型应用统一标准》GB/T 51212—2016 定义：

工程项目及其设施办理和功能特性的数字化表达，在全生命期内提供共享的信息资源，并为各种决策提供基础信息。

虽然 BIM 的定义并不完全相同，但是基本上可以明确 BIM 技术即指关于建筑信息模型化和建筑信息模型的技术。其基本理念是，以基于三维几何模型、包含其他信息和支持开放式标准的建筑信息为基础，利用更加强有力的软件，提高建筑工程的规划、设计、施工管理以及运行和维护的效率和水平；实现建筑全生命期信息共享，从而实现建筑全生命期成本等关键方面的优化。

事实上，类似于 BIM 的理念在制造业也被提出，在 20 世纪 90 年代业已实现，推动了制造业的科技进步和生产力提高，塑造了制造业强有力的竞争力。

1.2 BIM 技术的应用发展过程

1.2.1 传统方式的弊端

在建筑行业内，设计施工等主要采用图纸的二维表达来描述三维对象，主要以 CAD 软件为平台。这种传统方式存在很大的弊端，首先，由于以二维的形式表达三维空间实体，计算机无法理解这种表达，表达的正确性需要人来保证，也就是说，设计图的质量主要取决于人；其次，目前无法让计算机能像人一样，从二维设计图构建出建筑实体的三维模型，因此，单一专业的设计结果很难在其他专业设计中得到自动利用，例如所设计的建筑实体之间是否存在碰撞，需要人工审核，无法利用计算机系统实现自动检查。

由此可见，传统二维图纸模式对人工依赖性很大，具有高度的个人化，所以给信息交流带来很大不确定性，容易造成信息沟通的误解和割裂。

1.2.2 BIM 技术优势

BIM 技术具有非常显著的特征，首先也是最为直观的是其可视化，也就是"所见即所得"，与图纸相比，三维模型可视化提供最为直接有效的感官体验，将平面信息以立体方式展现出来，使建筑的体量形态、空间位置等信息一目了然，而且保证信息的准确传达，没有歧义。比如在施工交底过程中，关键部位或节点以三维模型直接展示给一线工人，使其能够更加快速清晰地领会技术细节进行施工作业。

参数化特征在工程设计阶段发挥着突出的优势。多个设计方案或者设计变更的问题，如果采用传统方式，工作量是非常繁重的，往往要对大量的图纸进行修改调整，且易出错。但是利用 BIM 的参数化特点，只要对相应的模型部分进行修改，模型其他部分都可以实现自动更新，避免手动干预，这种方式很大程度地提高了工作效率和质量。

协调性是 BIM 技术最为关键的一个特征。传统方式是呈单线流水式作业，项目多个参与方联系不够紧密，而且也多是以图纸交流，很难避免信息传递出现错漏等问题，而 BIM 技术能够提供多方合作和协调的工作可能。在项目初期，多个参与方能在模型的基础上进行信息沟通，极大提高了工程的实施效率和质量。

1.2.3 BIM 发展过程

自 20 世纪末工业基础类（Industry Foundation classes，IFC）标准引入，BIM 在我国经历了从听说到认可的过程。大致可以分为以下几个阶段：

1. 概念阶段

从 2002 年，欧特克公司明确 BIM 概念后，BIM 开始进入快速发展的阶段。国内，在 2010 年，清华大学参考 NBIMS，结合调研后提出了中国建筑信息模型标准框架（Chinese Building Information Modeling Standard，简称 CBIMS），并且创造性地将该标准框架分为面向 IT 的技术标准与面向用户的实施标准。

2011 年 5 月，住房城乡建设部发布的《2011～2015 建筑业信息化发展纲要》，明确指出：在施工阶段开展 BIM 技术的研究与应用，推进 BIM 技术从设计阶段向施工阶段的应用延伸，降低信息传递过程中的衰减；研究基于 BIM 技术的 4D 项目管理信息系统在大型复杂工程施工过程中的应用，实现对建筑工程有效的可视化管理等。

2012 年 1 月，住房城乡建设部"关于印发 2012 年工程建设标准规范制订修订计划的通知"宣告了中国 BIM 标准制定工作的正式启动，其中包含五项 BIM 相关标准：《建筑工程信息模型应用统一标准》、《建筑工程信息模型存储标准》、《建筑工程设计信息模型交付标准》、《建筑工程设计信息模型分类和编码标准》、《制造工业工程设计信息模型应用标准》。

在这个阶段，BIM 的概念逐步普及，很多学者和科研单位对 BIM 技术开展了理论研究工作，并在一些项目进行尝试和探索，当中比较为人熟知的是上海中心大厦。

2. 初级应用

这时期，在国家政策层面上出台很多文件，如 2013 年 8 月 29 日住房城乡建设部发布《关于征求关于推荐 BIM 技术在建筑领域应用的指导意见（征求意见稿）意见的函》。2014 年 7 月 1 日发布《关于推进建筑业发展和改革的若干意见》，更加明确要推动 BIM 发展与应用。2014 年年底国家标准《建筑工程信息模型应用统一标准》通过审查。2015 年 6 月 16 日发布《关于推进建筑信息模型应用的指导意见》。

在工程实践方面，借鉴国内外案例，基本的 BIM 应用点也在很多项目中得以实施。像上海现代建筑设计集团在上海世博会项目、外滩 SOHO 等，大型房地产开发商如绿地、万科、万达等都开始尝试使用 BIM 技术。

3. 深化阶段

在这一阶段，BIM 应用范围不断扩大，应用点越来越多。设计阶段的 BIM 向方案设计阶段延伸，并逐渐实现全专业、全过程 BIM 协同设计。施工阶段的 BIM 也进一步深化，其应用价值逐渐突显。在工程算量、施工模拟、深化设计、专业协调和进度控制等都发挥 BIM 的优势，施工项目管理 4D、5D 等也在进行探索中。根据有关数据显示，25.7% 的受访企业已建立项目级 BIM 组织，19.46% 建立了企业级 BIM 组织。

结合新兴技术如大数据、云计算、物联网等，为 BIM 的应用拓展更为广阔的空间。比如说，大数据为执行任务提供预先的可能性，提高了决策效率。此技术可改善建筑环境的设计、建设、运营和维护。理论上，一个 BIM 平台可链接到大量数据，从而增强一个团队中的利益相关方的决策能力。又或者，利用云计算技术可实现"信息无处不在"。目前国内也有不少云计算的软件产品，能够提供基于云计算的信息共享和协作工具，通过移动设备远程访问各种模型。中小企业通过"租赁"的方式获取具有强大功能的软件资源，使用成本较以往购买的方式要低得多。从 BIM 提取的一个建筑物分析模型提交给该基于云计算的结构分析工具进行分析，而不需购买该软件。但是使用云计算技术时，必须要理解这些技术的潜在缺点。基于云工具的一个主要要求是具备一个稳定、持续的网络环境。否则将无法使用基于云的工具，除非有可用的缓存。其他还有安全问题、数据所有权问题以及提供云计算的供应商的可靠性等都要考虑进去。

1.3 BIM 技术在建筑行业的应用介绍

1.3.1 设计

理论上，应在建筑全生命期的设计阶段开始实施 BIM 技术。设计方案的优劣，决定了建筑全生命期后续阶段的成败，例如，设计方案的瑕疵，有可能造成施工阶段的技术难度和较高成本，同时有可能造成运营维护阶段的较高成本。因此，开发建设单位对施工阶段的关注度一般都很高。设计单位应用相关的信息技术，可以提高设计效率和质量，降低设计成本。

20 世纪 80 年代以来，计算机辅助设计（CAD）技术已经逐步被我国设计单位所接受，至 2000 年，绝大部分设计单位已经实现了"甩掉图板"。BIM 技术的应用，将进一步提高设计单位的设计水平。BIM 技术给设计单位带来的应用价值，主要有如下几个方面。

1. 方案设计和初步分析

在建筑全生命期中，最重要的阶段是设计阶段，而在设计阶段中，最重要的环节是方案设计和初步分析。因为，方案设计的质量直接决定最终设计的质量。在大型建筑工程的设计过程中，往往需要形成多个设计方案，并进行初步分析，在此基础上对外观、功能、性能等进行多方面比较，确定最优方案作为最终设计方案或在最优方案的基础上进一步调整形成最终设计方案。

BIM 技术对方案设计和初步分析的支持主要体现在两方面。一是，利用基于 BIM 技术的方案设计软件，在设计的同时就能在软件中立即以立体模型的形式直观地展示方案。设计者可以将模型展示给设计委托单位的代表进行设计方案的讨论，如果后者提出调整意见，设计者当场就可以修改模型，并现场展示，从而可以加快设计方案的确定。二是，支持设计者快速分析，得到所需的设计指标，例如能耗、交通状况、全生命期成本等。如果没有 BIM 技术，这一工作往往需要设计人员采用不同的计算机软件分别建立不同的模型，然后进行分析。BIM 技术的使用，免除了建模这一极其繁琐的工作，只要重复利用方案设计过程中建立的模型就可以了。

2. 详细设计及其分析和模拟

详细设计是对方案设计的深化，并形成最终设计结果。与方案设计类似，通过基于 BIM 技术的详细设计软件，可以快速得到设计结果；然后，通过基于 BIM 技术的分析和模拟软件，可以高效地进行各种建筑功能和性能分析，包括日照分析、能耗分析、室内外风环境分析、环境光污染分析、环境噪声分析、环境温度分析、碰撞分析、成本预算、垂直交通模拟、应急模拟等。通过定量分析和模拟，设计者可以更好地把握设计结果，并对设计结果进行调整和优化。相对于传统的设计方法，由于采用 BIM 技术以及基于 BIM 技术的相应的应用软件，即使设计工期很紧，也可以快速地完成设计分析和模拟，大幅提高设计质量。

3. 施工图绘制

从理论上讲，一旦获得了基于三维几何模型的 BIM 工程数据，可以通过基于 BIM 技术的工具软件，自动地生成二维设计图，实际上，也已经实现了这一点。多年来，绘制施工图是设计人员最为繁重的工作。现在，利用基于 BIM 技术的设计软件，使设计人员免除了绘图工作，从而使得他们更多地将精力集中在设计本身上。

值得一提地是，在传统的设计中，如果发生设计变更，设计软件需要找出设计图中所有关联的部分，并逐个修改。如果利用基于 BIM 技术的设计软件，只需对设计模型进行修改，相关的修改都可以自动完成，避免了修改的疏漏，从而可以提高设计质量。

4. 设计评审

在设计单位中进行的设计评审主要包括设计校核、设计审核、设计成果会签等环节。传统的设计评审是使用二维设计图完成的。如果利用 BIM 技术进行设计，设计评审都可以在三维模型上进行，评审者一边直观地查看设计结果，一边进行评审。特别是，进行设计成果会签前，可以利用基于 BIM 技术的碰撞检查软件，自动完成不同专业设计结果之间的冲突检查，相对于传统作法，不仅可以成倍提高工作效率，而且可以大幅度提高工作质量。

1.3.2 施工

在项目的施工阶段，BIM 技术已有很多已经较为成熟的应用点，带来了明显的效益。施工单位利用 BIM 技术可进行如下应用：

1. 专业协调

在施工过程中，施工单位需要将建筑、结构、水、暖、电、消防等各专业设计成果进行统一。在设计结果存在瑕疵或者各专业施工协调不充分等前提下，往往出现不同专业管线碰撞、专业管线与主体结构部件碰撞等情况，迫使施工单位不得不砸掉已施工的部分，进行所谓的返工。应用 BIM 技术，像设计单位进行不同专业的碰撞检查一样，施工单位也可以利用基于 BIM 技术的碰撞检查软件，预先进行各专业设计的碰撞检查，从而在实际施工之前发现问题；或者，利用基于 BIM 技术的 4D 施工管理软件，模拟施工过程，进行施工过程各专业的事先协调，从而避免返工。

2. 工程算量和计价

传统的工程算量和计价是基于二维设计图进行的。造价工程师需要先理解图纸，然后根据图纸，在计算机软件中建立工程算量模型，再进行工程算量和计价。对施工单位来说，工程算量和计价需要频繁地进行。因为施工单位平均每投标 10 个项目，才有可能中标一个项目。工程算量和计价是项目投标的必要工作，而且由于准备投标的周期往往只有两周左右，而工程算量和计价涉及大量工作，所以投标工作人员往往需要加班熬夜。在能获得项目设计 BIM 数据的前提下，使用基于 BIM 技术的成本预算软件，可以直接利用项目设计 BIM 数据，省去理解图纸及在计算机软件中建立工程算量模型的工作，大大减轻了工程算量和计价工作。

3. 制定施工计划

在制定施工计划时，必须先获取对应于每个计划单元的工程量。基于 BIM 面向对象的特性，施工单位利用基于 BIM 技术的工程算量软件，很容易通过计算机自动计算得到每个计划单元的工程量，然后根据资源均衡等原则，制定实际施工计划。

4. 项目综合管控

项目综合管控是指对项目的进度、成本、质量、安全、分包等进行综合管理和控制。由于 BIM 基于三维几何模型，以属性的形式包含了各方面的信息，支持信息的综合查询。例如，对于一个商业楼工程，应用基于 BIM 技术的 5DBIM 施工管理软件，可以任意查询建到某层时，需要用多长时间，消耗多少资源，管理哪些工程的分包。这样一来，便于项目管理者对项目进行综合管控。

5. 虚拟装配

在传统的施工项目中，构配件的装配只能在现场进行，如果构配件的设计存在问题，往往只能在现场装配时才能发现，这时采取补救措施会造成工期滞后，同时也造成资源浪费。如果使用基于 BIM 技术的虚拟装配软件，则可以从设计结果的 BIM 数据中抽取构配件，在计算机中模拟装配，及早发现问题，及时补救，可以避免因设计问题造成的工期滞后等。

6. 现场建造活动

随着建筑工程的大型化和复杂化，图纸越来越复杂，增加现场工人的识读难度。若使用基于 BIM 技术的施工管理软件，则可以将施工流程以三维模型的形式直观、动态地展现出来，便于设计人员对施工人员进行技术交底，也便于对工人进行培训，使其在施工开始之前，准确地了解施工内容及施工顺序。

7. 非现场建造活动

随着建筑工业化的发展，很多建筑构件的生产需要在工厂中完成。这时，如果采用 BIM 技术进行设计，可以将设计结果的 BIM 数据直接传送到工厂，通过数控机床对构件进行数字化加工，尤其是具有复杂几何造型的建筑构件，这样可以大大提高生产效率。

1.3.3 运营维护

项目全生命周期最后阶段，BIM 模型信息最为丰富，在项目运营和维护阶段进一步发挥巨大价值。终端用户和资产所有者在此阶段可以利用 BIM 展开如下工作：为建筑结构或构件的日常维护工作制定计划、保护措施等；按照业主的要求，高效地运营资产，使其发挥最佳性能；规划空间和占用率，实现最佳的资产组合；管理、监督和调节建筑功能，使之更加节能、高效；监测楼宇传感器以及建筑系统进行实时控制；保证高效率、低成本的同时，减少能耗；针对疏散和其他紧急危机，制定应急措施；利用精确的竣工信息，做出改造、翻新及拆除的决策。

在具体实践过程中，建筑物竣工时的 BIM 模型与其他各种软硬件技术结合起来才能实现上述功能，比如传感器、网络和资产或建筑管理系统集成等。

BIM 为实现业主的资产管理提供了强有力的工具。ISO 55000 将资产管理定义为"一个组织机构为了实现资产的价值而采取的协调活动"。在很大程度上，资产管理的实现关键在于是否能够获得精确、详细、完整的资产信息。而 BIM 提供了内含大量信息的资产模型，可以完善资产信息模型。利用资产信息模型，在资产的整个使用寿命期间，对相关资产做出更明智的决策。因此，BIM 为资产信息的创造、合并及交换提供了一个信息丰富的数据库，从而辅助有效的资产管理。

1.4　本章小结

　　本章研究了广州本地 BIM 技术在建设行业的应用现状，通过对广州本地工程项目中 BIM 技术实施情况的调研分析，总结具有本地化特点的应用经验，为建设行业提供有价值的参考，树立适应地方的可行的 BIM 应用范式。

　　在下一章将对广州本土的 BIM 技术应用进行理论分析和调研。首先，对本土建设单位发出调研问卷，摸查广州本地 BIM 应用程度、范围、方法等，并总结了广州 BIM 技术应用的经验，广州未来 BIM 的发展趋势，把握其发展走向，最后探讨了现在 BIM 技术应用存在的问题，并提出建议。

第 2 章　广州地区 BIM 技术的应用发展

2.1　行业和政策背景

2.1.1　行业背景

我国建筑行业经历了持续多年的高速发展，技术水平和管理水平也不断进步，但是建筑业整体的低效率、高浪费等现象依然严重，已引起行业的高度重视。例如，传统的工程项目管理由于数据量庞大、数据流通效率低、团队协调能力差等问题，发展受到严重制约，基本上还处于粗放式的管理水平。工程项目建设过程中产生大量的工程数据，若不能及时准确传达到下层组织，那么各班组的工作难以协调，各方共享与合作难以实现，势必造成管理成本的增加。另外出现很多的复杂大型建筑项目，在建设周期压缩的情形下，对工程管理和技术交底提出了更高的挑战。由于设计院提供的施工图纸各专业划分不同，设计水平不齐，导致各专业冲突的事故频出，设计变更成为家常便饭，更为严重的是造成工期延误、成本陡增，给工程质量带来巨大隐患。

我国作为建筑大国，建筑能耗过大。有数据显示，我国年新增建筑面积 20 亿 m² 左右，约占全世界新建建筑面积总量的一半。建筑用水占我国可饮用水资源的 80%，建筑及附属设施的水泥消耗量约占全球消耗量的 40%，成品钢材消耗量占全球消耗量的 20% 以上，建筑垃圾占社会垃圾总量的 45%。建筑能耗比率达到 27.5%。在新型城镇化的背景下，必须推动我国建设行业向绿色、智能、集约的方向转变。

因此，出于行业发展需要，通过行业信息化建设有望打破行业发展的瓶颈。随着计算机、网络、通信等技术的发展，信息技术在建设领域发展迅速，尤其以 BIM 为代表的新兴信息技术，正在改变目前工程建设的模式，向着建筑工业化转型，提高工程效率，升级产业结构。

2.1.2　相关政策和标准

近年来，我国 BIM 技术发展很快，尤其从国家政策上得到高度重视和支持，同时在工程实践上也涌现很多尝试，不断向更深层的理论和应用开发探索。"十二五"开局之年，住房城乡建设部发布的《建筑业"十二五"发展规划》提出，"十二五"期间，基本实现建筑企业信息系统的普及应用，首次将"加快建筑信息模型、基于网络的协调工作等新技术在工程中的应用"列入总体目标，确定大力发展 BIM 技术。

2011 年 5 月，住房城乡建设部发布《2011～2015 年建筑业信息化发展纲要》，将 BIM 列入"十二五"重点推广技术；2014 年 7 月，住房城乡建设部发布《住房城乡建设部关于推进建筑业发展和改革的若干意见》，提出推进 BIM 等信息技术在工程设计、施工和运维全过程的应用，提高综合效益。

2016 年 9 月，住房城乡建设部印发《2016～2020 年建筑业信息化发展纲要》，明确提出"十三五"时期全面提高建筑业信息化水平，着力增强 BIM、大数据、智能化、移动通信、云计算、物联网等信息技术集成应用能力，建筑业数字化、网络化、智能化取得突破性进展，初步建成一体化行业监管和服务平台，数据资源利用水平和信息服务能力明显提升，形成一批具有较强信息技术创新能力和信息化应用达到国际先进水平的建筑企业及具有关键自主知识产权的建筑业信息技术企业。

地方政府也相继推出发展 BIM 技术的政策。2014 年 9 月，广东省住房城乡建设厅发出《关于开展建筑信息模型 BIM 技术推广应用的通知》，要求 2014 年底启动 10 项 BIM；2016 年底政府投资 2 万 m^2 以上公建以及申报绿建项目的设计、施工应采用，省优良样板工程、省新技术示范工程、省优秀勘察设计项目在设计、施工、运维等环节普遍应用 BIM；2020 年底 2 万 m^2 以上建筑工程普遍应用 BIM。

在制定我国 BIM 相关标准方面，也做了很多工作。2008 年，中国建筑科学研究院、中国标准化研究院等单位共同起草了《工业基础类平台规范》，在技术内容上与美国 IFC 标准完全一致。2012 年，住房城乡建设部正式启动了一系列 BIM 技术国家标准的编制工作，分别是《建筑工程设计信息模型交付标准》、《建筑工程设计信息模型分类和编码》、《建筑工程信息模型应用统一标准》和《建筑工程信息模型存储标准》。2013 年，启动了《建筑工程施工信息模型应用标准》编制工作。2014 年，住房城乡建设部印发《2014 年国家建筑标准设计编制工作计划》。

2.2　广州地区 BIM 技术应用现状调查分析

为了掌握广州市建筑业 BIM 技术应用的真实状况，对建筑业内有代表性的企业单位进行了一次较为广泛、细致的调研。此次调研对象包括设计单位、施工企业、咨询公司、教育机构等多种类型的公司。接受问卷调查的人员以专业工程师为主，其次为项目经理、部门经理等。

如图 2-1 所示，超过半数被调查对象从事 BIM 工作还不足 3 年，说明在广州市建筑行业内 BIM 技术仍处于前沿的新技术，多数企业和个人还在起步阶段，市场并未成熟。而大约 15% 的人员达到 7 年以上的从业经验，相对发展较早。

分析企业采用 BIM 的原因发现（图 2-2），接近 70% 的企业是出于自身发展考虑，为提升企业品牌和实力，主动引进 BIM 技术并积极在业务中推广。其次，则是由于项目日益复杂化，传统方式难以胜任，从而倒逼技术创新或是业主单方要求采用 BIM 技术。这几年，在国家和地方连续发文，大力推动建筑信息化发展的形势下，越来越多的企业和个人认识到这股技术革新的趋势已成必然，并主动开展学习和实践，加快步伐将 BIM 技术融入项目管理和技术工作当中。

2.2.1　应用范围和程度

BIM 概念的提出源于设计，但以其巨大的潜力很快延伸到建筑业的各个环节当中。

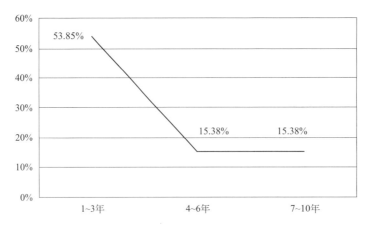

图 2-1　被调查对象的 BIM 工作年限

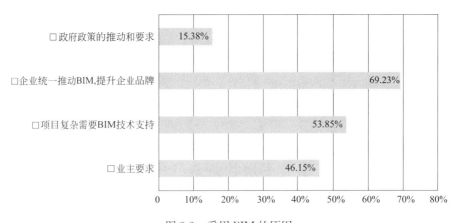

图 2-2　采用 BIM 的原因

在本次调查中，被调查企业内部目前 BIM 开展的状况，占比 75% 的企业正在以试点项目作为尝试，由浅入深、由点及面的推进 BIM 技术；有 16.67% 的企业更进一步，正在大面积铺开，将 BIM 技术作为业务的常规手段而努力；而大约 8.33% 的企业步伐较慢，才开始接受 BIM 概念的普及（图 2-3）。

BIM 技术对于广大建设单位来讲，作为一项新技术、新理念，从接触、认知、到接受并采用需要一个过程，想一蹴而就，马上获取回报是不现实的。根据企业自身实际情况，应做好前期策划，包括资源配套、标准制定、人员培训等，选择适合企业的最佳引进方式。在调查中（图 2-4），61% 的公司选择在项目中成立专门 BIM 团队实施 BIM 技术，53.8% 的公司甚至将 BIM 提升至企业高度，构建企业的 BIM 体系，另外 7.69% 虽然没有专门成立 BIM 组织，但是不会考虑全部外包给咨询公司来做。这也说明，企业引进并实施 BIM 得到广泛认同，开展 BIM 工作中会借助外部技术力量，但始终秉承发展企业自身BIM 技术实力的目标。

进一步的调查发现（图 2-5），在企业进行的项目中，30% 或以下的项目应用到 BIM技术的公司占比 38.4%，超过 30% 项目应用的公司仅 7.69%。这组数据表明，虽然被调

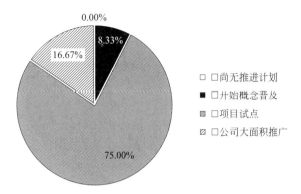

图 2-3　公司开展 BIM 工作的状况

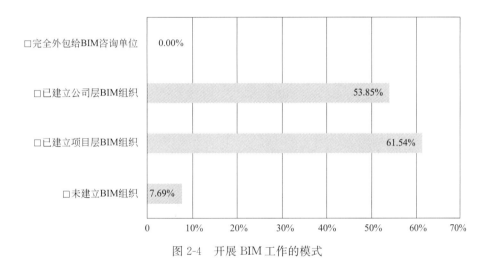

图 2-4　开展 BIM 工作的模式

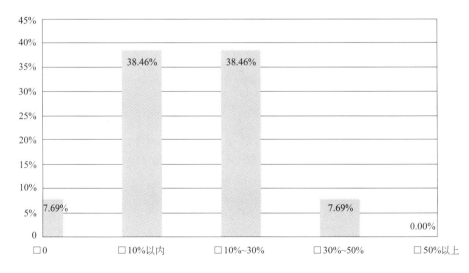

图 2-5　实施 BIM 技术的项目比例

查的公司都有采用 BIM 技术的意愿，但是在实际工作中 BIM 的应用率并不高，仅仅在少部分项目使用，还远未达到业务 BIM 常态化，那么 BIM 的价值和回报也很难全面体现出来。

根据图 2-6 的统计结果，可以清晰地看到目前广州市的建设企业采用 BIM 技术所做的工作。比较而言，BIM 应用在碰撞检查、方案模拟、深化设计等方面更加突出，尤其是碰撞检查应用率达到 69%，反而在设计方面的表现不是很明显。另外，也能够看到，BIM 技术应用还是以点的应用为主，还没有在全生命期全面深入应用。BIM 应用还处于技术层面的辅助运用，公司运营模式和业务流程仍保持传统方式。

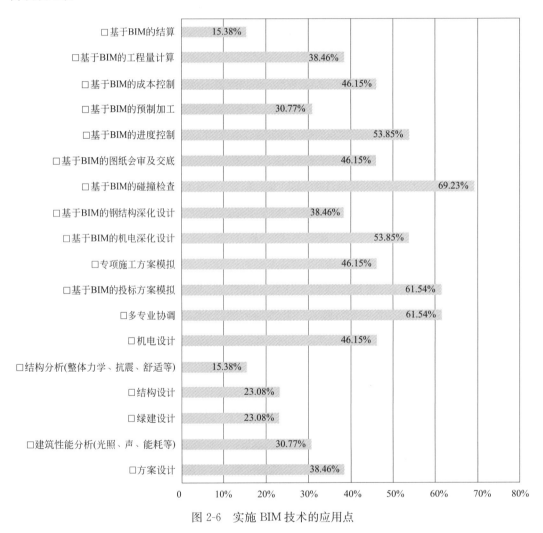

图 2-6　实施 BIM 技术的应用点

不同类型的工程项目采用 BIM 技术的情况参差不齐（图 2-7），高层办公楼和商业广场工程中 69.23% 的项目采用了 BIM 技术，住宅工程中 53.85% 的项目采用了 BIM 技术，其次是市政桥梁等。从这个结果不难发现，BIM 技术的应用很不均衡，主要还是集中在常规民建项目。

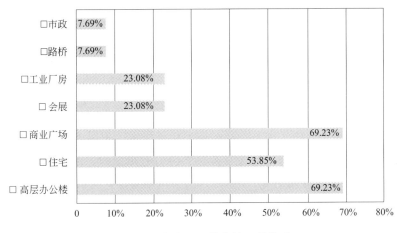

图 2-7 采用 BIM 技术的工程类型

2.2.2 应用价值

BIM 技术的概念自引入以来，一直以协同、可视、优化等优势被关注。但是往往因 BIM 技术应用前期投入巨大，包括购置设备、人员培训等，而在项目实施中的价值又难以直接量化，所以引起部分工程人员和管理者的疑惑。

通过调查显示（图 2-8），绝大部分被调查者认可 BIM 技术的诸多价值，69%认为 BIM 的三维可视化和协同工作，61%认为 BIM 支持碰撞检查，减少返工、节省工期和成本，其他如精细化管理、虚拟施工、精确算量等不同程度得到企业的认可。

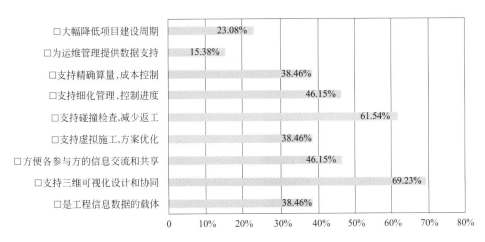

图 2-8 采用 BIM 技术带来的好处

虽然目前，各企业单位的 BIM 水平、应用不尽相同，但是被调查对象几乎都认同 BIM 技术带来的技术力量，计划下一步的 BIM 规划。随着 BIM 技术的发展，配套资源的完善以及国家和地方的政策引导，相信会有更多的企业积极投入 BIM 技术这场变革中。

2.2.3 实施方法

正如前文所述，企业引入 BIM 技术并成功实施，须做好前期规划，结合企业的现行条件，制定最佳的方案。BIM 实施需要所有参建方共同参与，才能发挥 BIM "协同"优势。

让 BIM 从理论转为实践，真正落地实施，如何迈出第一步对于企业来讲是很关键的。借助外部技术，如咨询公司等，往往是较为可行的途径。或者组建自己的 BIM 团队，进行培训，再选择适宜的项目作为试点，从实践中摸索成长。在项目选择上，根据调查数据图 2-9，69.23%公司认为企业要自己成立课题，进行专项研究；61.54%的公司则会根据项目合同，合理开展 BIM 应用研究；38.45%的公司则会选择与科研机构合作，开发适合自身的 BIM 技术应用，还有少部分选择软硬件公司来实施。从图 2-10 的数据看，75.00%的公司选择组建自己的 BIM 团队和部门，33.33%考虑与外部公司合作。

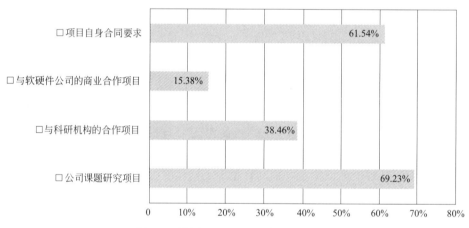

图 2-9　计划开展 BIM 工作的项目选择

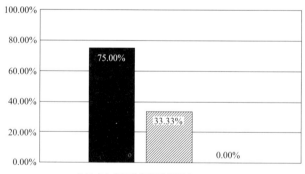

图 2-10　开展 BIM 工作的组织方式

在 BIM 技术的集成应用方面，高达 92.31%的被调查者认为与项目管理信息系统的集成是最值得发展的，其他还有云计算、大数据、装配式等也受到很大关注（图 2-11）。接下来，

BIM 技术应用将向深度应用发展，从单点应用向全过程应用、从单机向云端的协同应用、从试点向普遍应用转变。总而言之，BIM 技术应用将更集成、更多元、更深入。

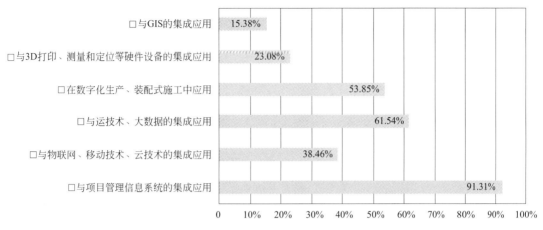

图 2-11　结合新技术的 BIM 应用

　　对于未来规划，超过 50% 的被调查者计划 5 年内，在企业内部全面实施 BIM 技术（图 2-12）。但是从图 2-13 的反馈数据看，推进 BIM 实施的障碍主要有 BIM 人才匮乏，软硬件不够成熟。目前市场以欧特克等外国产品为主，缺少本土的软件产品和服务。对于决策者，公司投入 BIM 带来的成本风险仍是一个很大的问题。还有 BIM 技术实施对建设的运营管理都产生根本影响，涉及利益分配、管理模式改变、业务流程改造、信息资产管理等，现在都还缺乏相关的技术文件和政策法规等。所以，深度应用 BIM，从技术到管理全面融合，还需要很多工作和努力。

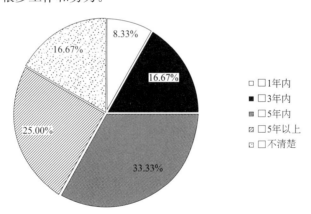

图 2-12　策划全面实施 BIM 的时间

2.2.4　广州地区 BIM 技术应用的经验

　　根据调查反馈，总结出以下经验：

　　（1）培养企业自己的 BIM 技术团队。目前，由于 BIM 技术的推广应用，出现了很多专业从事 BIM 技术咨询的公司。对于技术实力薄弱的企业，安排现有的技术人员，在本职工作之外进行 BIM 技术学习和摸索，具有一定的难度。因此，初级阶段可借助外部公

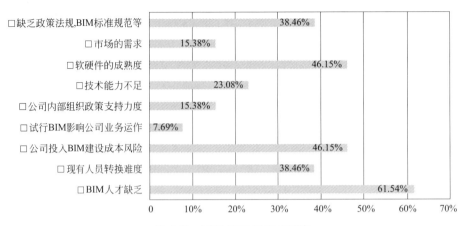

图 2-13　阻碍 BIM 推进的因素

司的技术服务,加快本公司员工的成长。最终培养起企业自身的 BIM 团队。

（2）企业应制定 BIM 有关的奖励机制。企业在现有业务压力下,很多领导和员工已满负荷工作,时间和精力难以实现业务外的技术提升。在此形势之下,企业应坚定技术创新的思路,在企业内部建立一套完善的奖励机制,提供物质和精神奖励等,激发员工的积极性,创造企业的学习氛围。

（3）挑选合适的试点项目强制推行。根据各方的实践,BIM 技术最佳的落脚点必定是在真实项目中。很多人以为,通过培训、进修等方式就可以掌握 BIM 技术,其实这离企业实践获取效益还有很大差距。因为企业的具体情况,项目特点,人员水平等都不一样,实施 BIM 技术和预期策划总会产生一定偏差。那么就要在实践中摸索,总结出符合自身特点的 BIM 实施路线和方法。

（4）保证 BIM 技术的投入力度。很多人有一个错误的认识,认为只要掌握了几套 BIM 软件就是 BIM 技术。其实不然,BIM 技术通过软件实现,但是软件不等于 BIM 技术。因而,真正掌握 BIM 技术,要从其核心理念开始学习。对于企业来说,投入必要的资金和人力是必需的,制定系统的发展规划,才能真正理解 BIM 的内涵,发挥 BIM 技术的价值。

（5）打通产业链,从上游开始 BIM 技术的应用。可以看到,在工程实践中,存在大量的 BIM 翻模工作,也出现了所谓的专职建模师。这也反映了,产业链还没有完全打通的事实。为了实现全生命期的 BIM 应用,发挥其协同价值,取得效益最大化,从规划设计阶段,就应当介入 BIM 工作,将所有参建方的工作及时进行有效沟通,提升项目管理效率。

2.3　广州地区 BIM 技术应用的发展趋势及建议

2.3.1　发展趋势

1. 设计阶段向施工阶段发展

BIM 技术经过几年的快速发展,逐渐被工程建设行业从业人员所熟悉与认可。由于设计阶段使用 BIM 技术开始时间比较早，运用时间长，BIM 应用成熟度要高于施工阶段，但近几年，BIM 技术在施工阶段也得到了越来越广泛的应用，产生很好的经济效益，有很大的发展空间。

在工程项目的施工阶段，相关参与单位往往要比设计阶段更多，存在复杂的组织关系与合同关系，项目参与方能否顺利地合作和协同工作显得尤为重要。BIM 技术作为一种信息技术能更好地支持施工协同工作，降低沟通成本，使协同更加顺畅。在施工过程涉及的信息量远远超过设计阶段，无论从种类上还是数量上都非常巨大。如何及时地收集信息、高效地管理信息、准确地共享信息显得非常重要，直接影响项目决策的正确性和及时性，所以施工阶段对信息实时共享与高水平管理提出了需求，而 BIM 模型本身就是一个集成不同阶段、不同专业、不同资源信息的共享知识资源库，是一个可分享的项目信息集，BIM 技术可更好地支持施工项目信息的管理。施工阶段是建筑物实际建造和形成过程，除了设计图纸，还会遇到大量的施工技术问题，BIM 技术可有效提高施工业务能力。施工阶段业务复杂程度上远远超过设计阶段，呈现出业务种类多、参与者杂、专业范围广的特点，因此，要保证施工业务的有效执行，需要保证各业务单元之间数据一致性和业务流转顺畅，提高施工管理项目管理精细化水平。

2. 单业务向多业务集成应用发展

在我国，部分企业受到 BIM 实施条件的限制，往往采用单一的 BIM 软件，选取局部的 BIM 应用点来解决单点的业务问题，没能充分发挥 BIM 技术优势。在此基础上还有一种应用模式，就是集成应用模式。这种集成模式根据业务需要，通过软件接口或数据标准集成不同模型，将不同软件和硬件结合起来，发挥更大的价值。调查显示 60.7% 的被调查对象认为 BIM 发展将从基于单一 BIM 软件的独立业务应用向多业务集成应用发展。

BIM 技术在施工阶段最大价值就是在统一的模型基础上，实时动态地对人工、材料、机械等不同的资源进行精细化管理与控制，提高资源利用率，最大限度减少浪费。因此，将不同业务或不同专业的模型集成在一起是一种必然趋势。由于不同模型涉及不同的软件、专业、建模规则，所以集成工作具有一定的复杂性。集成模型主要包含三种：

一是接口的集成，在一个项目中往往包括多个专业，不同的专业应用需要选择对应的 BIM 专业性软件，但这些软件由不同的供应商提供，其实现的程序语言、数据格式、专业手段等不尽相同，他们之间的集成应用需要解决接口格式问题。

二是 BIM 软件的集成，这是指不同的 BIM 软件通过模型数据之间的互用、集成，来支持解决多个业务问题，发挥综合效应和价值。

三是与其他业务或新技术的集成应用，例如工厂化生产与非现场业务的集成应用；3D 打印、3D 扫描、GIS、测量定位等技术与其他非建筑专业软硬件技术集成应用。

3. 技术应用与项目管理集成应用发展

目前我国建筑施工行业在快速发展的同时，仍然存在生产方式粗放、生产效率不高、能源消耗大等问题。主要是由于工程项目自身的复杂性、管理过程非标准化导致的各业务管理沟通不畅，加上数据共享协同困难，各业务管理单元之间，上下级业务级之间实时获取一致的业务数据困难，导致工程延误、浪费、错误等现象，最终影响决策准确性和效率。BIM 技术可有效解决项目管理中生产协同和数据协同两个难题。BIM 技术从之前单纯的技术应用，到现在逐步深入到项目管理的各个方面中，包括成本管理、进度管理、质量管理。

传统项目管理中，各业务线的数据是分散的，精细化的项目管理需要将这些散落的数据集成应用，但缺乏将数据有机集成的技术，造成数据错漏缺失等问题。BIM 技术可以集成不同阶段、不同专业、不同来源的信息，在提高项目单点工作效率的同时，还可以为项目管理过程各业务提供管理所需的业务数据，这些数据是及时和准确的，极大提高了工作效率。BIM 模型集成了不同的业务数据，采用可视化的形式动态获取各条管线所需数据，保证数据及时、准确地在各方之间共享和协同，提高项目管理过程中的各管理单元之间的数据协同和共享效率。项目管理 BIM 集成应用是各参建方基于统一的模型完成业务数据、管理过程的协同。因此，需要建立统一的管理集成信息平台，与 BIM 平台通过标准接口和数据标准进行数据传递，及时获取 BIM 技术提供的业务数据；支持各参建方之间的信息传递与数据共享；支持对海量数据的获取、归纳与分析，协助项目管理决策；支持各参建方沟通、决策、审批、项目跟踪、通信等。

4. 单机应用向基于网络的多方向协同应用发展

BIM 数据是包括建筑全生命周期各个阶段多个领域的数据，云计算、物联网、移动应用的出现和普及，从根本上解决了数据不连续、数据积累难、协同共享难等问题，形成了"云＋端"的应用模式。这种基于网络的多方协同应用方式可与 BIM 技术集成应用，形成优势互补。

BIM 技术的应用具有业务多、周期长和专业性强等特点，更需要信息化软件支撑，其应用过程涉及大量的专业计算和海量的业务数据，而云计算具有低成本投入、灵活的数据存储、高效分析与计算能力等特点，是一种有效的技术支撑手段。云计算采用虚拟资源池的方法管理所有资源，对物理资源的要求较低，可以节省高达 67% 的服务器的生命周期成本；云计算采用可伸缩网格体系结构，根据 BIM 数据需要用量动态做出存储空间调整，做到按需分配，满足 BIM 应用所需要的数据要求；云计算可根据实际需求自动增加调整所需计算资源，远远超过本地单 CPU 计算速度。BIM 技术与云计算、移动技术集成应用过程中，BIM 数据放到云端，现场的工作人员通过手机或 PAD 实时进行模型的浏览和查询，并针对现场问题进行模型标注，其他人员获取信息，针对问题进行及时地沟通和修改。支持工地现场不同参与者之间的协同和共享。通过 BIM 技术与云计算、物联网技术集成应用，可满足工地现场很多管理业务需及时跟踪与监控的需求，支持工地现场管理过程的实时监控。

5. 标志性项目向一般项目应用发展

在我国，各级地方政府积极推广 BIM 技术应用，要求政府投资项目必须使用 BIM 技术，有力促进了 BIM 技术在基础设施领域的应用推广。BIM 技术在项目上的应用经历了从大到小、从特殊到普通的过程。最初只是应用于一些大规模标志性的项目中，例如广州东塔项目。但是最近两三年时间里，BIM 技术已经开始应用到一些中小型规模的项目当中。随着设计行业 BIM 应用普及，施工行业的这种趋势逐渐明显。

国内业界人士对 BIM 的认识是伴随 BIM 技术深入应用不断成熟的，BIM 技术在企业中推广的阻碍往往来自于企业认为投入产出不佳或者投资得不到回报。因此，很多企业从战略考虑，认为既然使用 BIM 技术，就要用在大型复杂的标志性项目才有意义，而一般项目没必要使用 BIM 技术。可以肯定，随着 BIM 应用的成功案例越来越多，将促使企业认识的转变，没必要花大的代价在大型项目中使用 BIM，完全可以从一般项目进行试点，逐步推广。这几年，施工阶段的 BIM 应用软件逐渐成熟以及与设计模型接口完善，使得 BIM 应用成本大大降低，促进了 BIM 在一般项目的应用。基础设施项目往往工程量庞大、施工内容多、施工技术难度大、施工过程周围环境复杂，施工安全风险较高，传统的管理方法已不能满足实际施工需要，BIM 技术可通过施工模拟、管线综合等应用解决这些问题，大大提高施工准确率和效率。

6. 房建项目向地铁、市政、设备安装工程应用发展

在我国，BIM 技术作为促进房建项目创新发展的重要技术手段，其应用推广对科技进步与转型升级产生了不可估量的影响，同时也给 BIM 技术应用在地铁、市政、设备安装工程带来巨大动力。近两三年来，基于地铁、市政、设备安装工程项目的精细化管理需要，越来越迫切将 BIM 技术在房建项目的成果经验应用到项目中，提高各工程项目的集成化交付能力，进一步提高工程项目的效益和效率。

随着工业化和城市化进程的加快，地铁、市政、设备安装工程作为城市重要基础设施的主要组成部分，近年来取得了前所未有的发展和进步，这些项目的实施都是庞大而复杂的系统工程，其涉及专业面广，投资额度大，建设周期长，参建单位众多，并且项目有着建设规模越来越大，技术性、系统性越来越强，项目复杂程度越来越高的发展趋势，因此对工程建设的专业化、科学化、信息化管理需求越来越迫切。BIM 技术作为我国施工行业创新发展的重要技术手段，支持虚拟建造和绿色施工、优化施工方案，实现工程项目精细化管理、提高工程质量、降低成本和安全风险，并可以大幅度提高工程项目的集成化水平和交付能力，显著提升工程项目的效益和效率。自从引入 BIM 技术以来，越来越多的企业对 BIM 技术有了深刻的认识并积极进行实践，在房建项目中广泛应用，不但提高了项目管理水平，取得了巨大的工程效益，还在应用过程中积累了宝贵的实践经验，这些都可以结合工程特点应用到地铁、市政、设备安装工程中去，加上近几年相关工程方面的 BIM 软件也日渐成熟，均在无形中促进了 BIM 在地铁、市政、设备安装工程的应用发展。各级地方政府的政策性鼓励推广是 BIM 应用从房建项目向地铁、市政、设备安装工程应用延伸的有力支撑，通过政策加强全国各地的相关领域部门对于 BIM 技术的重视，督促 BIM 技术在地铁、市政、设备安装工程领域的应用推广。

2.3.2　存在问题及建议

1. 存在问题

虽然 BIM 概念从 2002 年开始引入并引起广泛关注，但在推行过程中遇到了很多困难。主要有以下一些方面：

从软件成熟度看，BIM 技术的配套软件开发滞后。目前，应用中仍以国外欧特克等几大软件系列为主，国内鲁班、广联达等软件是以成本为主的专项软件，无法满足实际工程项目 BIM 的全面需求。尽管 BIM 理念及其优势得到越来越多的认可，但是作为重要的实现手段——软件，却未能同步发展，将 BIM 的价值发挥出来，从而引起部分人员的怀疑。

从市场运作看，最受关注的是实施 BIM 技术的投入回报比率。实施项目 BIM 前，需要对软硬件、人员培训等投入必要的资金，而且 BIM 应用还限于局部范围，成熟度不够，有时得不到预期的良好工程效益；另外由于 BIM 技术服务是一项新业务，市场运作缺乏规范，还没有形成一套成熟的机制，有些企业追求眼前利益，做表面功夫应付了事，从而催生"伪 BIM"现象也就不难理解了。

从技术标准看，虽然 BIM 技术相关的国家标准和地方标准陆续出台，对 BIM 技术应用进一步推动起到积极作用。但是在项目具体实施中，能够提供可操作性强的指导或指南等配套文件比较缺乏，造成很多工程人员知道 BIM，也具备一定的软件操作能力，但不会动手做 BIM，将 BIM 和项目需求结合起来、整体策划 BIM 方案的能力较弱。

从 BIM 技术人员能力看，现在并不缺少具备 BIM 基本建模能力的人员，缺少的是既熟练掌握 BIM 理念和技术，又具备足够的工程专业知识和项目管理知识的综合人才。尤其对于专业 BIM 咨询人员，往往接触到各类工程项目，各有特点和需求，专业 BIM 咨询人员必须能够敏捷快速捕捉到项目的"痛点"，才能提出创新、符合市场的 BIM 应用和策略。

从企业自身看，BIM 技术是一项创新的信息化技术，革新传统的工程项目建设模式。即使小到每一项 BIM 应用点实施，都会对现有作业模式带来影响，企业必须对此做出响应，调整项目管理流程。随着 BIM 技术深层发展和进一步推广，对企业来讲适时改造、建立新的模式和工作流程成为必然，而很多企业对此认识不深，必将影响到企业业务的信息化改革进程，阻碍 BIM 技术在工程中的落地。

2. 建议

通过市场调研和分析，对于广州市在推动 BIM 技术的进程中遇到的一些问题，提出以下建议：

（1）从上层开始规划，由政府层面出发建立规范公平的市场秩序，引导行业积极开展 BIM 在实际工程项目中的实施；可选择应用 BIM 较为成功的工程作为示范工程，将 BIM 应用的方法和流程等以书面形式形成文件在行业内进行经验推广等；对于行业内已成熟的 BIM 应用技术及时定制相关标准、指南等指导文件，有助于技术人员和企业开展 BIM 业务有据可依，统一规范做法。

（2）对于建设企业，作为 BIM 技术的直接使用者，企业管理和技术人员培养要两手抓。开展 BIM 技术推广和深化，适时转变企业工程管理模式和工作流程，将 BIM 技术真正融入实际工作中；培养企业自己的 BIM 技术人员，工程技术人员在熟练掌握自身业务的基础上，有步骤有计划学习 BIM 理念和思维对现有工作进行转换，真正将 BIM 技术和工程结合起来。

（3）对软件开发企业，借鉴国外软件的优势，大力开发本土符合自身工程需求和习惯的软件和平台。值得注意的是，对广州市行业要进行充分的调研和合作，不可闭门造车，也不能急功近利，要有做真正好产品的决心，研发出真正有价值的工程 BIM 软件和平台。

第二篇

广州 BIM 应用工程案例

第3章 广州中新知识城 BIM 设计施工应用

3.1 项目概况

国家专利局广州中新知识城项目位于广州市萝岗区九龙镇，建筑面积为 13 万 m^2，本项目融合了岭南区域的地理与文化特色，结合专利审查协作中心作为高新产业引领者的企业文化，打造一个融办公、培训、学习、交流、咨询于一体的现代化、高品质办公综合体（图 3-1）。

图 3-1 广州中新知识城总览

为解决其寓意岭南丘陵地貌的复杂造型特点，并打造精细化设计与项目管理的理念，在项目全过程实施 BIM 技术，提高项目质量与效率，为业主创造价值。

3.2 设计阶段 BIM 应用

项目设计阶段 BIM 实施的基本目标，是通过 BIM 平台按阶段深度要求创建 BIM 设计模型（图 3-2），进行全专业全过程三维协同设计。通过真实可视的 3D 模型协调提高设计效率与设计质量，减少错漏碰缺，优化专业设计。在提高设计协同效率与设计质量的目标基础上，利用 BIM 模型进行各种分析应用，并通过 BIM 项目标准，提供含设计阶段完整信息的 BIM 模型，传递至施工阶段。

图 3-2 广州中新知识城设计模型

3.2.1 BIM 策划

BIM 的应用决定了模型的要求与深度。在项目实施前，根据项目功能相对单一，造型复杂的特点，并考虑 BIM 实施不局限于设计阶段等因素，进行了 BIM 策划，具体包括以下内容。

1. BIM 应用规划

明确该项目需要开展的 BIM 应用内容（表 3-1），并根据这些内容制定模型要求并纳入项目 BIM 标准内。

BIM 应用内容　　　　　　　　　　　　　　　　　　　　　　　表 3-1

BIM 应用内容	模型要求原则
三维协同设计	要求各专业制定阶段性的模型深度，当符合条件后即进行全专业核模，设计建模过程中协调解决问题
BIM 平台图纸制作	搭建模型需真实反应建筑构造，保证节点剖面关系模型正确与图面干净，清除不必要的交线
性能化分析	要求在适当的阶段进行相应的绿色分析应用，模型需简化以适应各类性能化分析软件，并能指导该阶段设计优化
可视化设计	模型材质要准确合理，内部空间模型得准确摆放，以免造成施工图图面虽没问题，但在虚拟漫游时因模型摆放随意或重叠等问题，影响可视化效果
设计管线综合	要明确区分设计深度管综与施工安装深度管综的界面，设计管综主要解决大管线或管线复杂区域的问题，可与土建协调，避免因此牺牲净高等。施工安装深度管综则需考虑施工安装，检修与节约摆布成本等因素
BIM 信息平台管理	要求统一文件系统体系与各方权限，定期对模型整理，并提供简模于云端上存放，方便各参与方使用
辅助工程算量	针对将要采用的算量软件要求制定模型深度及搭建扣减原则，每款软件的要求均不相同，本项目以 ITWO 产品制定
施工阶段应用	本项目设计 BIM 模型需传递至施工阶段应用，模型必须按施工应用基本要求对构件进行拆分，在项目标准内明确模型深度界面，为模型传递至施工阶段做好准备

2. BIM 样板文件制定

BIM 样板文件相当于项目技术统一标准措施的载体，关系到模型能否出图，各专业协同是否顺畅，是实施设计阶段 BIM 应用需优先解决的问题。BIM 样板文件可以在不同的项目类型之间通用，根据本项目的特点，加载相关统一内容。

BIM 项目样板文件至少包含以下内容（图 3-3、图 3-4）：

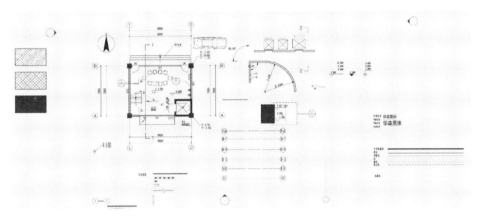

图 3-3 样板文件为出图标准所需要定制的一般内容

图 3-4 在策划阶段根据项目特殊需求统一制定族载入样板文件

（1）注释样式规定：轴网，标高，字体，尺寸样式，索引符号等与成图标准相关的样式规定；

（2）对象样式规定：在样板文件内设定好各类型构件在不同比例下打印的线宽，线型，颜色等；

（3）视图样板规定：根据用途与专业，制定视图样板，保证同一模型切出视图能满足各方需求；

（4）常驻构件规定：结合项目 BIM 标准与统一技术措施要求，制定通用构件；

（5）图层导出规定：预设模型导出 CAD、IFC 的格式，满足其他格式文件的应用要求。

3. BIM 模型拆分

为了更好地管理模型和适应硬件设备条件，应根据项目类型特点与大小进行模型的拆分和组织（表 3-2、图 3-5），其基本原则如下：

项目文件编制规则 表 3-2

分区	专利局项目 子项名称	建筑 文件名称	结构 文件名称	机电 文件名称	备 注
地上部分	业务一号楼	1♯-JZ	1♯-JG	1♯-MEP	机电各专业在子项里使用中心文件工作集方式工作； 专业文件链接其他文件一律使用覆盖型，结构子项竖向结构，底部标高应延续至该子项投影部分地下室底板
	业务二号楼	2♯-JZ	2♯-JG	2♯-MEP	
	业务三号楼	3♯-JZ	3♯-JG	3♯-MEP	
	业务四号楼	4♯-JZ	4♯-JG	4♯-MEP	
	业务四号楼外皮	4♯-M-JZ			
地下部分	地下室	地下室-JZ	地下室-JG	地下室-MEP	地下室部分所有专业文件链接方式一律为覆盖型； 地下室竖向结构子项投影部分模型，使用地上部分作为链接
模型整合	项目合并	国家专利局			

注：1. 所有建筑子项文件均应有各自完整的标高轴网系统，其他专业子项文件复制监视建筑子项文件的标高与轴网。

2. 所有地上子项文件，只能覆盖链接地下室部分模型，不允许链接或导入与本子项无关的模型与未清理的 CAD 文件，不能允许多余构件或 CAD 多余内容影响视图。

图 3-5 模型拆分

（1）先按项目子项进行拆分，每个子项再按照建筑、结构、设备的专业进行模型拆分，各专业模型应按相同的轴网标高系统相互链接。

（2）对于建筑专业，根据项目特点子项可再次拆分为"内部"、"外部"两部分，使平面空间等技术设计相关模型与立面造型等细部模型进行区分管理。

（3）对于公建类型，建筑专业基本按照"塔楼"、"裙房"、"地下室"的原则进行模型拆分组合。如果规模更大，则进一步按楼层或防火分区进行拆分。

（4）对于结构专业，基本按照"塔楼＋裙房＋地下室"或"塔楼＋地下室"的原则进行模型组合。

（5）对于机电专业，根据项目类型管线复杂程度制定模型拆分程度，规模较少的机电专业以中心文件协同方式按照建筑子项拆分，规模较大的则进一步拆分。

（6）对于规模庞大的综合体项目，经过拆分后的模型文件大小不宜超过 100MB（该标准应根据硬件配置而定）。

4. BIM 项目标准制定

根据国家专利局项目 BIM 相关要求，为满足实际项目落地应用需求，模型数据传递顺畅、软件技术提升，制定项目设计 BIM 标准（图 3-6）。该标准规范与统一项目实施过程中的 BIM 应用行为，保证在分析应用、分包管理之间的 BIM 模型顺利流通，实现 BIM 模型贯穿全生命周期应用的价值。

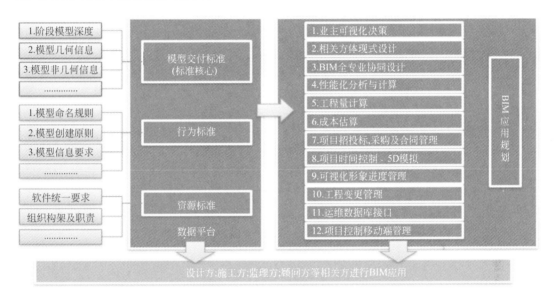

图 3-6　项目设计 BIM 配套的标准

5. BIM 项目数据管理平台搭建

项目设计总包利用 BIM 数据平台，对各专业模型与设计分包的模型进行协同管理（图 3-7、图 3-8）。在统一平台上，进行模型的多方协调、设计审批、版本管理、权限管

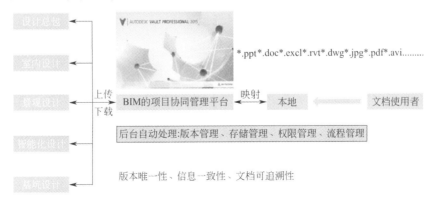

图 3-7　BIM 项目协同管理平台

理等具体应用。

图 3-8　项目协同管理平台界面

3.2.2　BIM 全专业协同设计

由各专业设计师使用 BIM 平台按阶段深度要求搭建设计模型，进行全专业全过程三维协同设计，通过可视的 3D 模型协调提高设计效率与设计质量，减少错漏碰缺，优化专业设计（图 3-9）。

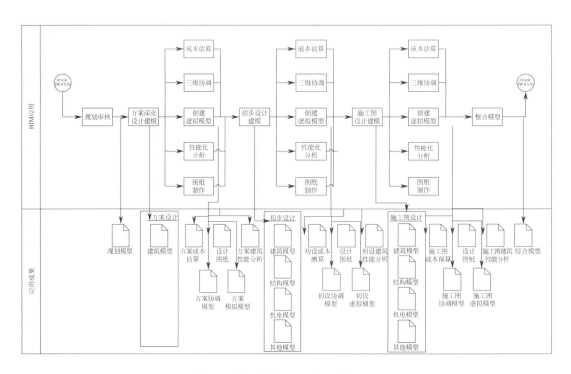

图 3-9　设计阶段 BIM 应用实施流程

3.2.3　方案设计阶段 BIM 应用

方案设计阶段 BIM 的应用见图 3-10 和图 3-11。

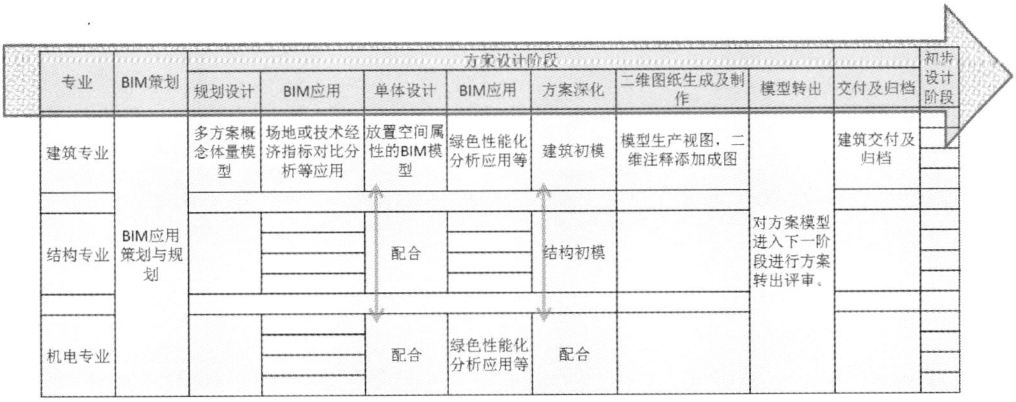

方案设计阶段
专业
BIM策划
规划设计
BIM应用
单体设计
BIM应用
方案深化
二维图纸生成及制作
模型转出
交付及归档
初步设计阶段
建筑专业
多方案概念体量模型
场地或技术经济指标对比分析等应用
放置空间属性的BIM模型
绿色性能化分析应用等
建筑初模
模型生产视图，二维注释添加成图
建筑交付及归档
结构专业
BIM应用策划与规划
配合
结构初模
对方案模型进入下一阶段进行方案转出评审。
机电专业
配合
绿色性能化分析应用等
配合

图 3-10　方案设计阶段 BIM 应用流程

方案设计 BIM 应用
平面设计(内部模型)
Revit
方案平面图纸
性能化分析成果
立面设计(外部模型)
Rhino，Sketchup 等
方案立面图纸
渲染展示成果

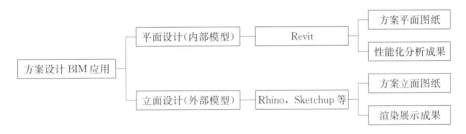

图 3-11　方案设计 BIM 应用

本项目方案阶段主要应用包括以下内容。

1. 方案模型搭建与出图

根据方案设计深度搭建方案 BIM 模型（图 3-12），完成方案图纸制作、经济技术指标分析应用。

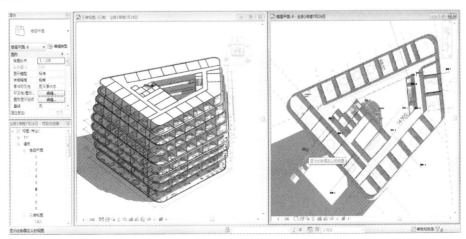

图 3-12　方案设计阶段的 BIM 模型

2. 绿色性能化分析

通过对方案 BIM 模型导出的 XML 或 SAT 格式数据进行相关性能化分析，满足绿色建筑评价标准（图 3-13）。

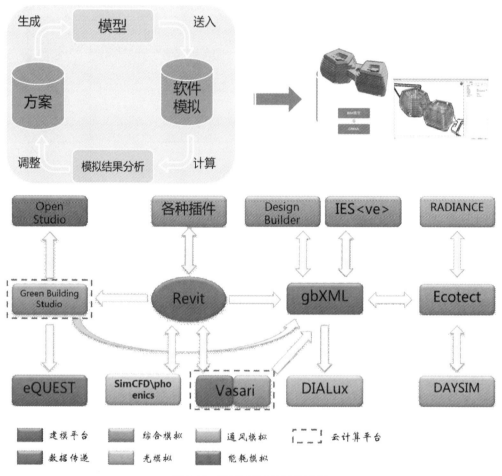

图 3-13　基于 BIM 的绿色建模

（1）日照分析

建筑由于体型收分与外廊设置均具有自遮阳效果，内部空间接收热辐射较少，为降低能耗提供被动式条件。见图 3-14。

（2）风环境分析

冬季通风：在 3.4m/s 的北风下，室外 1.5m 高度处的风速没有超过 3m/s。见图 3-15。

夏季通风：在 1.5m/s 的东南风场下，室外 1.5m 高度处的风速在 1.0m/s 左右。见图 3-16。

（3）建筑风压分析

夏季通风：夏季建筑表面的风压差可以达到 3Pa，因此建筑总平面布局有利于夏季建筑的室内自然通风。见图 3-17。

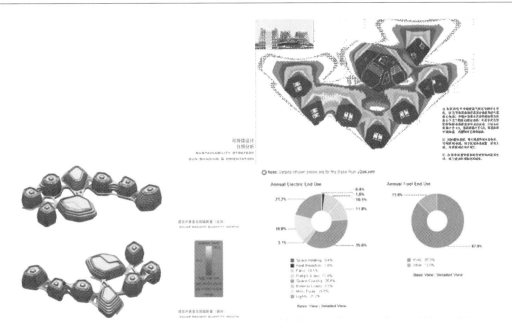

图 3-14　日照分析

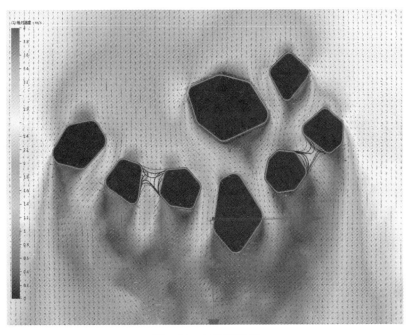

图 3-15　冬季风环境

（4）建筑室外通风分析

采用开敞式中庭与外廊，办公空间双侧开窗，外窗可开启面积超过 30％的设计来改善自然通风条件，通过 BIM 模型分析，由于室外风压与室内热压共同作用，办公室的风速平均可达 1m/s；走廊与中庭出由于"文丘里效应"，风速会更大一些，最大处达到2.5m/s。见图 3-18。

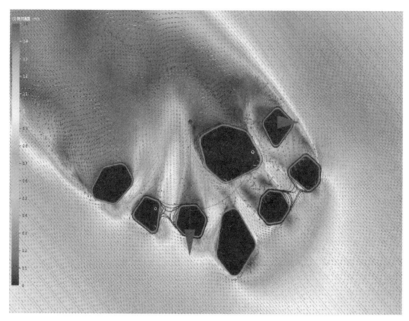

图 3-16　夏季风环境

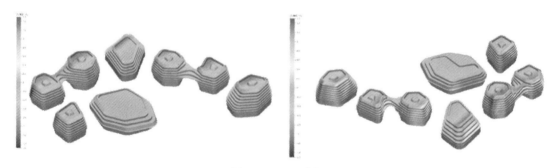

图 3-17　风压分析

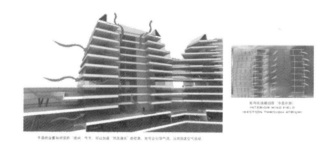

图 3-18　室外通风分析

（5）建筑室内通风分析

办公空间进深控制在 6～8m；采用侧窗＋高窗的双向采光设计，满足绿标采光要求。

见图 3-19。

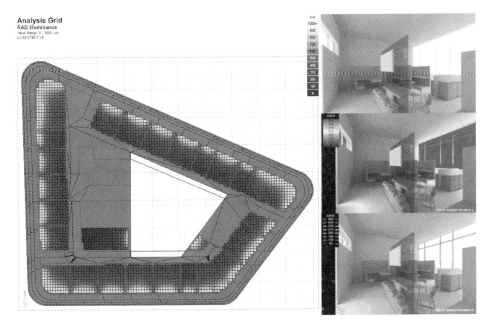

图 3-19　室内通风分析

（6）场地噪声分析

通过场地噪声分析，建议在建筑与道路直接采用高大乔木密植隔声等措施，减少快速干道对办公楼的影响。见图 3-20。

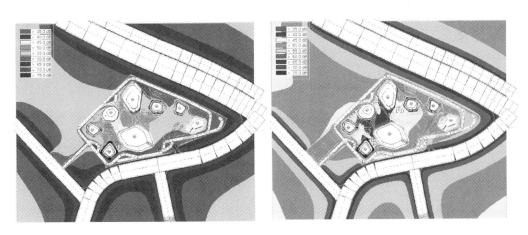

图 3-20　噪声分析

3. 方案外表皮参数化设计

通过参数化设计工具对外立面表皮进行相关设计与调整，能高效控制复杂建筑形态，满足设计反复修改的要求。见图 3-21。

4. 方案可视化设计

通过模型可视化设计，可实时直观地反映建筑空间关系，并让各参与方进行相关方案

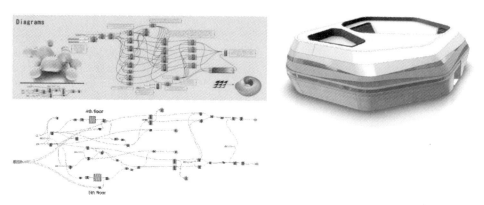

图 3-21　外表皮参数化设计

讨论与定案，提高沟通与定案效率。包括屋顶 VRV 排布方案、家具布置方案对比等。见图 3-22。

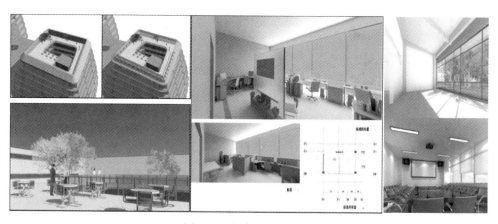

图 3-22　方案可视化设计

3.2.4　初步设计应用

初步设计阶段 BIM 的应用流程和 BIM 模型分别见图 3-23 和图 3-24。

专业	方案阶段	初模	综合协调	中间模	综合协调	终版模	综合协调	二维图纸生成及制作	设计验证及审批	交付及归档	施工图阶段
					初步设计阶段						
建筑专业	建筑方案BIM交付模型	建筑初模	综合BIM模型协调核模（核对竖向构件等）	建筑中间模	土建BIM模型（核对主梁，管井等）	建筑终版模型	综合BIM模型协调核模核对净高，大管等）	模型生成视图，二维注释添加成图	建筑设计验证及审批	建筑交付及归档	
结构专业	结构方案BIM交付模型	结构初模		结构中间模		结构终版模		模型生成视图，二维注释添加成图	结构设计验证及审批	结构交付及归档	
机电专业	机电方案BIM交付模型	草图综合协调		机电中间模	机电模型管线综合	机电终版模		模型导出CAD图纸作为图形，进行二维制图	机电设计验证及审批	机电交付及归档	

图 3-23　初步设计阶段 BIM 应用流程

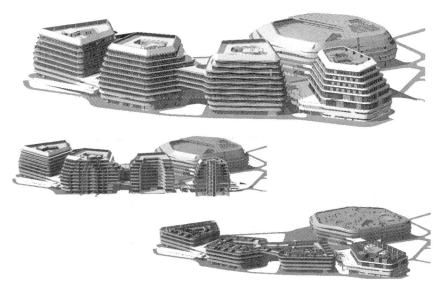

图 3-24　初步设计 BIM 模型

1. 初步设计初版模

（1）建筑专业：根据方案阶段条件（模型或 CAD），建筑专业搭建初版模型——建立项目基准点，按策划要求拆分子项模型，建立或完善轴网标高系统，搭建外墙（轮廓）、内墙、门窗、核心筒、房间布置等。在搭建模型的同时，应该根据技术设计同步完成模型的修改与深化。

（2）结构专业：根据方案阶段条件（模型或 CAD），搭建竖向构件——柱，剪力墙等，进行结构专业试算。

（3）机电专业：以草图形式提供管井及机房位置及大小要求，模型由建筑专业完成。

（4）BIM 主管：分专业负责 BIM 技术支持和其他 BIM 性能化分析应用，并根据项目特点，造型风格，特殊结构构件与设备等，制订可高效装配，满足设计参变的项目族库，方便日后模型的修改，信息录入及模型逐步深化。

（5）专业间综合协调：建筑与结构初模搭建过程中，发现问题应即时协调解决，按策划进度安排，在初模搭建完成后，以模型链接作为专业间提资，各专业负责人与设总召开协同会议进行核模并解决问题。

（6）此阶段关注问题：竖向结构与建筑关系，机房位置及大小，管井位置及平面布局是否满足消防要求等。

2. 初步设计中间版模

（1）建筑专业：根据初版模型协同结果调整优化设计，搭建中间版模型——核心筒详细布置，楼梯，门窗（详细分隔，分类等），幕墙（轮廓），人防布置，坡道，建筑楼板，主要外立面造型轮廓族，净高控制天花板等。

（2）结构专业：根据初版模型协同结果调整优化设计，搭建中间版模型——核心筒详细模型，主梁，楼板等，结构详细计算。

（3）机电专业：根据初版模型协同结果调整优化设计，搭建中间版模型——根据与建筑专业草图协调结果搭建外立面立管，消防栓，变配电房通廊管线，机房位置与大小的确认等。

（4）BIM 主管：分专业负责 BIM 技术支持和其他 BIM 性能化应用，根据建筑立面，考虑结构构造关系，幕墙分隔开启等设计因素，建立简单构造轮廓，造型族，幕墙嵌板，特殊结构构件族等以供后阶段使用。

（5）专业间综合协调：该阶段建筑与结构核对土建模型，机电专业内进行草图管综，制订机电专业之间的管线走向及原则。此阶段关注问题：主梁与建筑关系，核心筒楼梯与结构关系，消防栓与立管摆放位置是否合适，机房面积、降板与净高等。

3. 初步设计终版模

（1）建筑专业：根据中间版模型协同及性能化分析结果调整优化设计，搭建终板模——各层布置，幕墙（分隔），外圈梁构造模型，台阶，集水井等。

（2）结构专业：根据中间版模型协同结果调整设计，搭建终版模——完成次梁，初步降板，基础等。

（3）机电专业：根据中间版模型协同结果调整设计，根据草图管综原则搭建终版模型——管径大于 100mm 的管线模型，机房设备布置（设备占用空间）。

（4）BIM 主管：分专业负责 BIM 技术支持，并负责该阶段结束时的模型整理与归档。

（5）专业间综合协调：全专业协同核模，审核审定介入，通过模型校审模型。各专业根据协调结果调整模型后，锁定为初步设计终版模。

（6）此阶段关注问题：外圈梁与建筑造型问题，基础与集水井间关系，降板条件是否满足机电要求，梁格对空间影响，机电管线布置后是否满足净高要求，楼梯碰头等。

4. 二维图纸生成及制作

（1）建筑专业：通过模型生成视图，添加二维注释，完成图纸的制作，其中模型的深度部分不满足立面图的要求，需暂时添加二维图形加工深化完成。建筑图纸需达到初步设计深度要求。

（2）结构专业：通过对视口的整理和模板的套用，根据策划图纸编制要求选择在 Revit 平台下通过插件与二维图形工具完成模板图的制作。其余配筋图纸以协同模型作为依据使用 CAD 平台完成，结构图纸需达到初步设计深度要求。

（3）机电布置平面通过对视口的整理和视图样板的套用，以 Revit 为平台进行二维加工出图，系统图等以协同模型作为设计依据使用 CAD 平台完成图纸。机电图纸需达到初步设计深度要求。

5. 复杂造型外立面表皮 BIM 应用

项目四号楼造型复杂，其幕墙表皮包含异型双曲面造型，其中还需进行不规则的开洞处理。如何使用 BIM 参数化工具进行合理的幕墙划分，既能满足造价控制，又能表达设计意图，成为本项目的重点与难点。见图 3-25。

首先通过 Grasshopper 及 Python 语言的平台对幕墙模型进行编程建模与划分。在以 2m 为模数进行表面有理化以后，转角幕墙根据以下条件：曲段宽度接近直段的 2m，曲段宽度均匀，龙骨总长最短，进行程序上的自动计算与划分。完成整体表面的分割后，导入 Revit 协同平台内进行嵌板自适应构件的建模。见图 3-26～图 3-30。

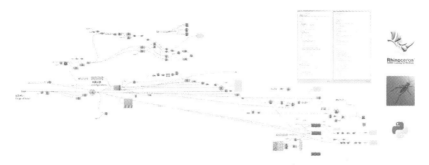

图 3-25　幕墙表皮参数化建模

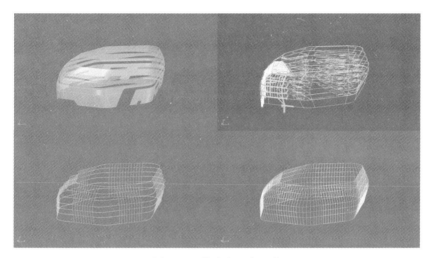

图 3-26　幕墙表面有理化

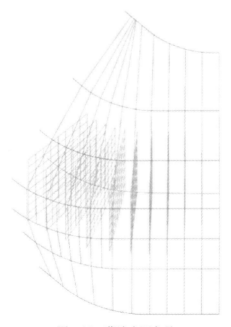

图 3-27　幕墙表面龙骨

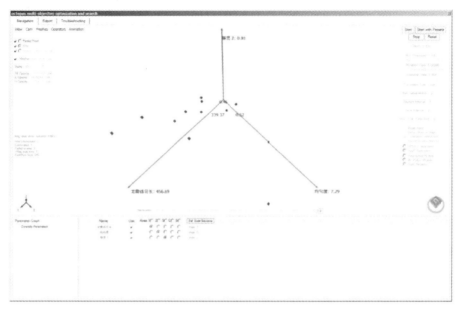

图 3-28　完成表面分割

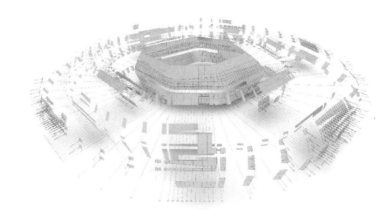

图 3-29　BIM 建模

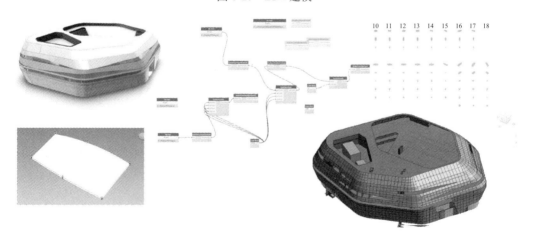

图 3-30　幕墙表皮模型

在 BIM 协同工作平台上,对 GRC 幕墙表皮进行模型加工与深化,并进行专业碰撞上的应用。

6. 初步设计结构选型分析应用

因本项目体型复杂,错层关系导致结构的选型需从安全性、内部空间使用感受、经济性等多方面因素考虑,因此使用 BIM 工具充分论证分析并选取最优方案。见图 3-31~图 3-34。

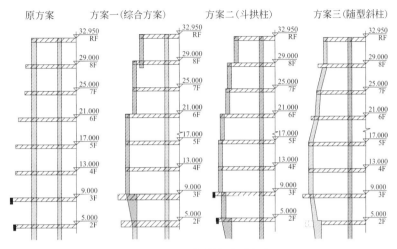

图 3-31 四种结构选型方案

图 3-32 不同结构选型方案的窗柱关系

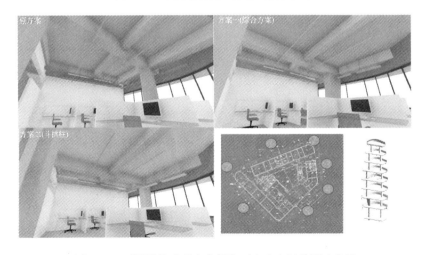

图 3-33 不同结构选型方案梁格对室内空间的影响分析

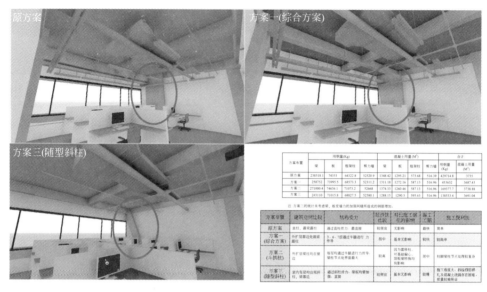

图 3-34　结合结构安全、空间效果、经济分析选取最优的综合布置选型

7. 初步设计三维协同管线综合应用

项目的各专业人员均在协同房间内，以模型作为提资依据，实时核模，现场修改与模型确认，实现 BIM 集中高效的协同设计。见图 3-35。

设计阶段，根据净高要求，对结构布置提出加腋处理，全专业协调优化，比设计图纸完成后仅能调整管线排布与翻越的管线综合应用更具价值。见图 3-36。

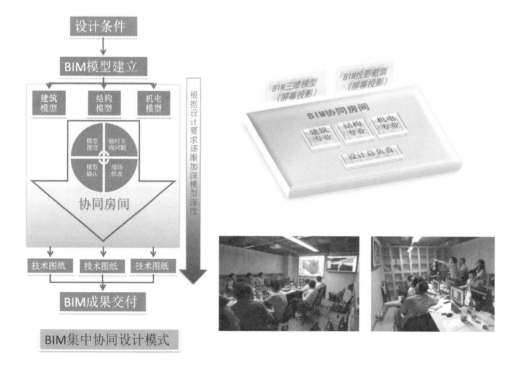

图 3-35　三维协同工作

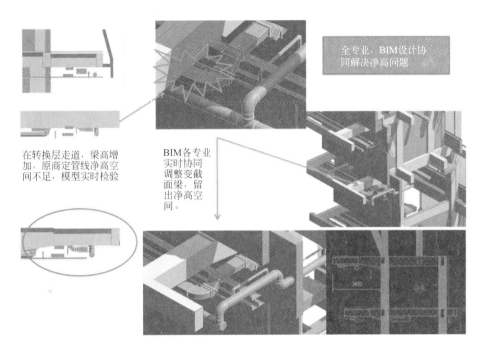

图 3-36　全专业协同

8. 初步设计 BIM 室内暖通 CFD 分析

利用 BIM 模型和 Autodesk Simulation CFD 软件进行室内气流组织模拟计算，得到室内温度场及空气流速分布情况，进而对空调末端设备布置进行方案比对及优化。见图 3-37 和图 3-38。

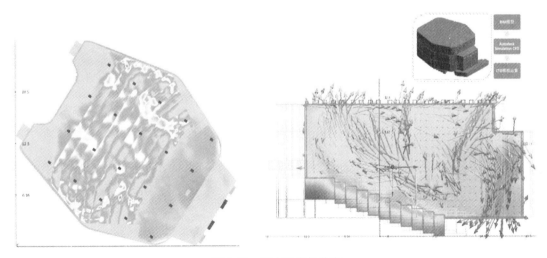

图 3-37　室内温度场分布

通过 BIM 模型进行室内气流组织模拟计算，得到室内温度场及空气流速分布情况，进而对空调末端设备布置进行方案比对及优化，避免出现局部无冷风或过冷，提高人们使用的舒适度。

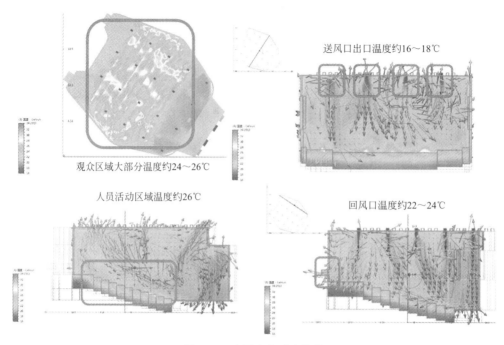

图 3-38　布置方案对比优化

9. 初步设计结构计算模型与实际模型转换

通过与结构计算软件的双向互导，局部实现计算模型与 BIM 实体模型之间的转换，从而实现结构专业的 BIM 设计应用。见图 3-39。

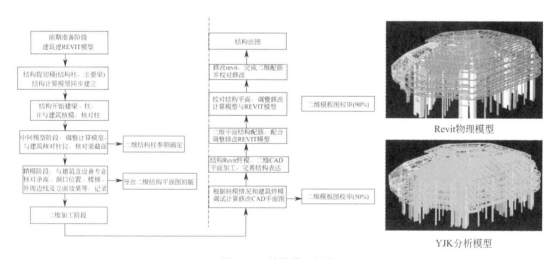

图 3-39　结构模型转换

3.2.5　施工图设计应用

承接初步设计 BIM 成果进行施工图设计，若项目缺初步设计阶段的模型，应补充 BIM 策划和预留部分时间基于初步设计图纸建模与校对，再沿用模型进行 BIM 施工图设计。见图 3-40～图 3-43。

专业	初步设计阶段	施工图设计阶段									施工BIM
		初模	综合协调	中间模	综合协调	终版模	综合协调	二维图纸生成及制作	设计验证及审批	交付及归档	
建筑专业	建筑初步设计BIM交付模型	建筑初模		建筑中间模		建筑终版模		模型生成视图，二维注释添加成图	建筑设计验证及审批	建筑交付及归档	
结构专业	建筑初步设计BIM交付模型	结构初模	综合BIM模型（管线综合，墙身构造等）	结构中间模	综合BIM模型（结构开洞避让等）	结构终版模	综合BIM模型（各专业协调结果）	模型导出CAD图纸作为图形，进行二维制图	结构设计验证及审批	结构交付及归档	
机电专业	建筑初步设计BIM交付模型	机电初模		机电中间模		机电终版模		模型导出CAD图纸作为图形，进行二维制图	机电设计验证及审批	机电交付及归档	

图 3-40　施工图设计阶段 BIM 应用流程

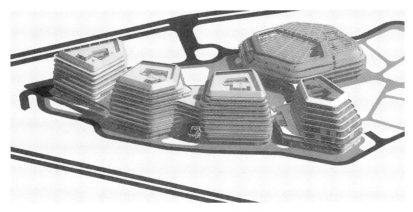

图 3-41　施工图阶段模型

图 3-42　BIM 模型转换

图 3-43　施工图阶段结构模型

1. 施工图设计初版模

（1）建筑专业：根据初步设计审查意见修改，搭建施工图阶段初版模型——门窗，幕墙模型深化，立面（造型）模型的深化，轮廓构造的深化等。

（2）结构专业：根据初步设计审查意见修改，搭建施工图阶段初版模型——结构计算的调整，降板，板厚的调整等。

（3）机电专业：根据初步设计审查意见修改，搭建施工图阶段初版模型——管径大于 80mm 的管线模型，机房布置（设备基本选型）等。

（4）BIM 主管：分专业负责 BIM 技术支持，并负责该阶段结束时的模型整理与归档。

（5）专业间综合协调：全专业设计过程中进行三维协同设计，此阶段关注机电管线综合与净高问题，管线与结构对立面，空间的外观影响等。

2. 施工图设计中间版模

（1）建筑专业：根据初版模型协同结果调整设计，搭建施工图阶段中间版模型——深化立面模型材质，雨棚，栏杆细化，建筑面层楼板的细化，施工图详图要求的土建模型。

（2）结构专业：根据初版模型协同结果调整设计，搭建施工图阶段中间版模——结构开洞，构造柱，梯梁。

（3）机电专业：根据初版模型协同与管线综合调整设计，搭建施工图阶段中间版模——开洞位置的确认，百叶、密集管线部位的"管线综合"，该阶段应使用 Navisworks 辅助碰撞检查。

（4）BIM 主管：分专业负责 BIM 技术支持。

（5）专业间综合协调：全专业设计过程中进行三维协同设计，此阶段关注结构开洞条件，楼梯的土建模型确认，排水设计的核对与确认，所有空调与风井的进、出风口的确认等。

3. 施工图设计终版模

（1）建筑专业：根据中间版模型协同结果调整设计，审核审定参与模型校审，根据施工图 BIM 交付标准完成模型。

（2）结构专业：据中间版模型协同结果调整设计，审核审定参与模型校审，根据施工图 BIM 交付标准完成模型。

（3）机电专业：根据初版模型协同与管线综合调整设计，审核审定参与模型校审，根据施工图 BIM 交付标准完成模型。

（4）BIM 主管：分专业负责 BIM 技术支持，并负责该阶段结束时的模型整理与归档。

（5）专业间综合协调：全专业通过模型核对所有协调结果是否落实（模型会签），并对模型进行锁定，进入各专业内页的二维图形加工阶段。

4. 二维图纸生成及制作

（1）建筑专业：按施工图深度要求添加二维注释，尺寸标注，建筑说明，图例等，完成图纸的制作，各类详图根据设计人员软件掌握情况和策划要求使用选择 Revit 平台下直接完成出图，或导出 CAD 后处理出图外，平面图、立面图、剖面图以及平面详图均使用 BIM 平台直接出图，以确保模型信息的延续性。建筑图纸需达到施工图设计深度要求。

（2）结构专业：通过对视口的整理和模板的套用，可根据策划二维制图要求选择在 Revit 平台下通过插件与二维图形工具完成模板图的制作或导出图形信息作为唯一依据，仅在 CAD 完成二维注释的加工工作。其余图纸以协同模型作为依据使用 CAD 平台完成。

结构图纸需达到施工图设计深度要求。

（3）机电专业：机电布置平面通过对视口的整理和 CAD 导出模版的套用，以 Revit 为平台进行二维加工出图，系统图等以协同模型作为设计依据使用 CAD 平台完成图纸。机电图纸需达到施工图设计深度要求。

5. 施工图设计阶段管线综合

在施工图阶段，土建降板条件等已经稳定的情况下，对设计阶段管线进行碰撞与综合，集中解决管线密集部分，确保解决净高问题。并根据管综结果出彩色剖面与剖轴测图。见图 3-44～图 3-46。

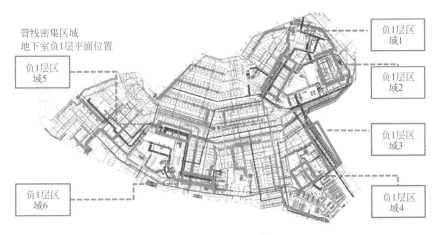

图 3-44　管线综合

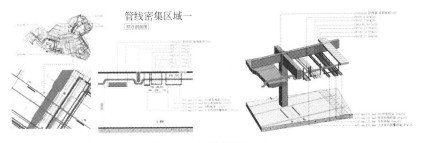

图 3-45　管线密集区域一

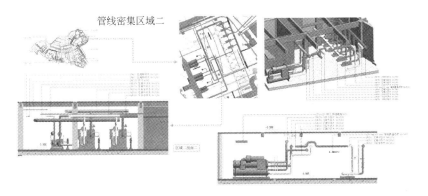

图 3-46　管线密集区域二

6. 基于 BIM 的施工图表达应用

BIM 平台协同设计，使得施工图纸的表达手段较传统二维更为丰富，可通过各种剖轴测图对建筑进行更详尽的表达。对于复杂节点配以轴测图能更方便地进行施工交底，降低现场沟通的时间成本。见图 3-47 和图 3-48。

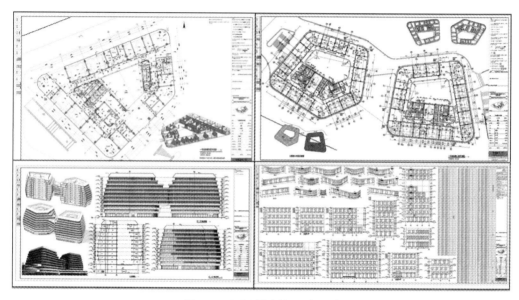

图 3-47　BIM 导出施工平面图

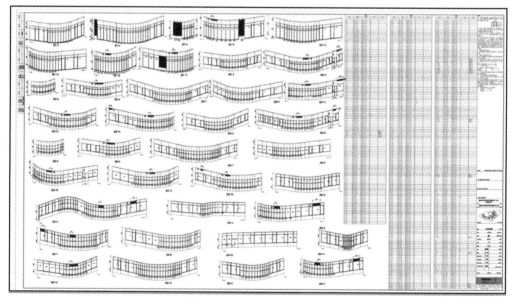

图 3-48　BIM 导出施工详图

项目采用了弧形幕墙的轴测详图表达如图 3-49 所示，通过对弧形门窗部件化与轴测模型标注，代替传统展开平面与立面的表达方法，大大减少图纸的数量，并提高图纸表达的效率与准确度。

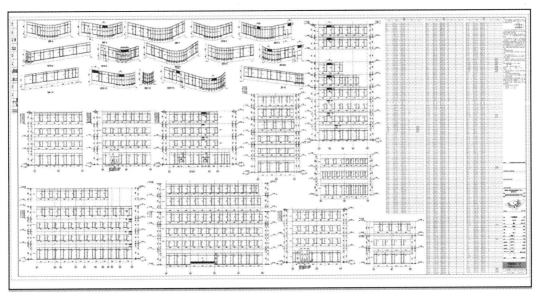

图 3-49　BIM 导出施工图

3.3　施工阶段 BIM 应用

项目 BIM 应用以设计方作为 BIM 总包，将模型传递至施工阶段进行相关应用。通过标准制定与模型过程控制，实现了模型的有效传递和信息流通。见图 3-50。

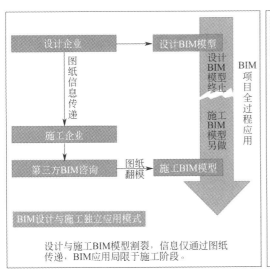

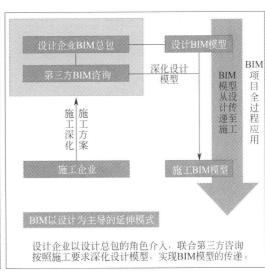

图 3-50　施工阶段 BIM 应用模式

3.3.1　施工阶段 BIM 团队组织架构

施工阶段 BIM 团队组织架构如图 3-51 所示。

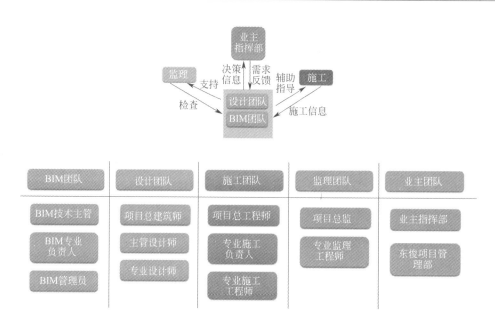

图 3-51　BIM 团队组织架构

3.3.2　施工阶段 BIM 应用流程

为保障项目的顺利进行，在实际施工和基于 BIM 的虚拟施工之间建立适合的互动互补机制，本项目主要的技术服务流程如图 3-52 所示：

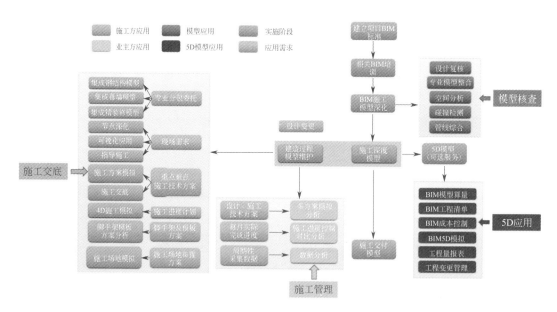

图 3-52　施工阶段 BIM 具体流程

3.3.3　BIM 施工场地布置应用

本项目利用 BIM 技术对现场塔吊进行精准定位，指导运行路线，合理规划堆场，合理地规划垂直运输；合理规划施工道路，施工组织更加有序，避开安全隐患，实现 BIM 在安全文明施工方面的相关应用。见图 3-53。

图 3-53　施工场地布置

3.3.4　BIM 施工交底应用

　　提前对所有复杂节点进行深化加工与安装模拟，确保同时满足结构计算与施工安装使用要求；通过对各类复杂节点 BIM 模型施工交底，大大降低现场安装时出现意外的概率，保证施工进度。见图 3-54～图 3-56。

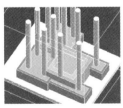

三维视图

剖面图

要点：
1. 承台和承台之间砖台模相互接触碰撞。
2. 承台和集水井之间砖台模相互碰撞。
3. 集水井和承台有高差。
重点与难点：
处理承台和集水井重合部分砖台模。
施工顺序：
1. 浇筑集水井垫层
2. 砌筑集水井转台模（承台与集水井重合部分集水井的砖台模只砌筑到承台底）
3. 浇筑承台垫层
4. 砌筑承台砖台模
5. 浇筑混凝土（与集水井重合部分承台直接浇筑到集水井底），集水井体积变小。（注：如果与集水井重合部分承台不浇筑到井底，部分承台悬空，受力不符合要求。）

图 3-54　承台 BIM 模型

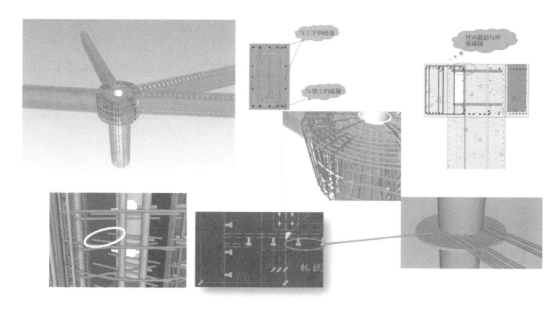

图 3-55 关键节点 BIM 模型

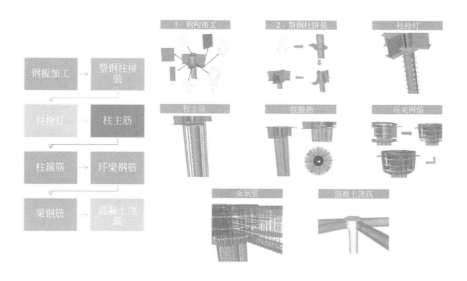

图 3-56 钢构 BIM 模型

3.3.5 BIM 施工安装阶段机电管线综合

施工安装阶段的机电管线综合，需考虑施工安装空间、检修空间、支吊架的布置、分包单位的进场时间等因素，BIM 团队需与施工班主紧密配合，对设计阶段的管线综合模型进行优化，保证机电管综的落地实施。见图 3-57～图 3-59。

3.3.6 BIM 施工阶段高支模应用

通过对原施工组织方案的高支模进行建模模拟，发现因为梁高不同造成顶托安装空间

图 3-57　管线综合

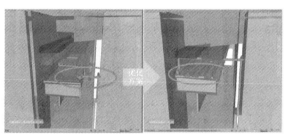

在原来的五层管线基础上修改为三层，最上层强电与梁底有100mm空间安装，四条母线槽与消防管平走

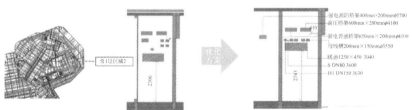

图 3-58　基于 BIM 管线

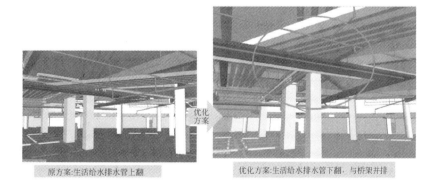

图 3-59　管线碰撞检查

不足，经调整优化后得到准确的排布与工程量，避免造成浪费。见图 3-60 和图 3-61。

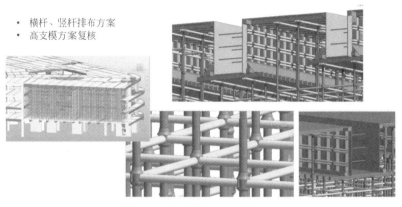

图 3-60　高支模 BIM 应用（1）

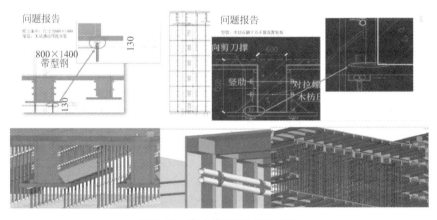

图 3-61　高支模 BIM 应用（2）

3.3.7　BIM 施工措施模拟应用

通过 BIM 模型对复杂体型的脚手架进行模拟排布，指导现场施工安装。见图 3-62 和图 3-63。

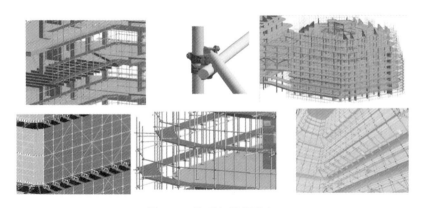

图 3-62　脚手架模拟排布

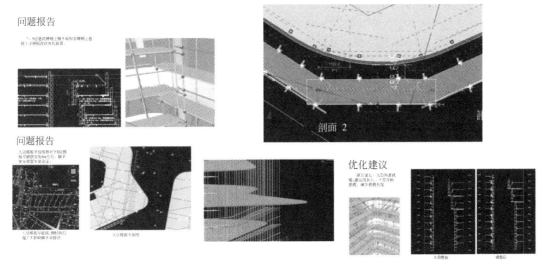

图 3-63　脚手架排布优化

3.3.8　4D 施工进度模拟应用

对每段时间进行施工进度计划的模拟，基于三维的直观分析，加快施工例会的进度。通过 4D 模拟分析发现原来排布方案里，工序与工序之间会存在碰撞，考虑了雨期等因素，实际工期要比计划晚 10 天，其中两天桩机闲置。见图 3-64。

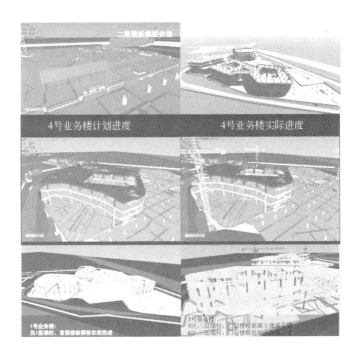

图 3-64　施工进度模拟

3.3.9 基于 BIM 平台的施工现场管理

基于 BIM 平台对模型与相关问题的管理，可以通过移动端浏览项目模型获取现场问题的反馈，在 BIM 数据平台下统一处理。见图 3-65 和图 3-66。

图 3-65 施工管理平台

图 3-66 施工现场管理应用

3.3.10 基于 BIM 平台的 5D 应用试点

项目局部尝试使用 5D 平台进行工程算量与管理应用，实现基于 BIM 模型的 5D 工程计量，对 BIM 模型进行了修改与拆分归类，实现子项的 5D 应用。见图 3-67~图 3-69。

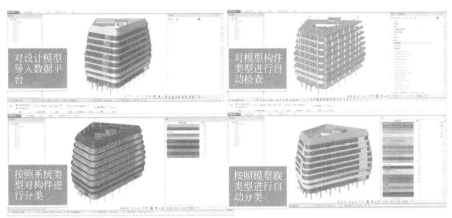

机房三维模型

图 3-67　模型的检查与 5D 平台导入

图 3-68　模型工程量统计

图 3-69　工程量清单与成本造价对接

3.4 小结

本项目的 BIM 应用贯通了从方案设计，技术设计，深化设计，施工全过程，真正实现 BIM 数据有效传递与利用，运用了创新的 BIM 设计协同模式，为业主、设计企业、施工企业创造价值。

第 4 章 白云机场噪音区 BIM 计量及设计应用

4.1 应用背景

4.1.1 算量建模方式变革历程及发展趋势

工程造价管理从烦琐的手工算量发展到电算化以来，工程量计算方式基本上都是基于三维模型，即需要计算什么工程量，就在算量软件中建立相应的模型。软件根据内置的各种清单、定额计算规则考虑构件图元之间的扣减计算，自动实现工程量的自动统计。也正因如此，工程造价管理耗时最长、最繁琐的工作就是建模。

我们能拿到的设计文件的格式也在某种程度上决定了建模的方式。譬如早些年，当CAD 还未普及只能拿到蓝图的情况下，造价人员只能在软件中手工翻模算量。随着"甩图板"的革命，我们能够拿到的设计文件的格式也发生变化，相应地，软件提供了 CAD 识别建模来算量。从手工翻模到 CAD 识别建模是一次巨大的飞跃，成倍提高了造价人员建模工作的效率。

然而，无论是何种方式的建模，更快的建模效率和更准确的计量结果始终是造价从业人员追求的目标。即便是 CAD 识别建模的方式已经将建模的效率提高到了很高的水平，但是遇到体量大、异形构件多的复杂工程仍然会面临一些新的挑战。

图 4-1 工程量计算软件建模
方式的发展趋势

工程量计算软件建模方式的发展趋势如图 4-1 所示。

4.1.2 BIM 算量对项目造价管理的影响

工程造价管理是运用科学方法和手段，合理分配、使用人力、物力和财力，达到合理使用建设资金、提高投资效益的管理活动。工程造价随工程的进程可分为决策阶段、设计阶段、施工阶段，与之相对应的是估算和概算、预算、结算。不管在哪个阶段，"量、价"是造价数据的前提。但是现在，在这种算量模式下，准确完整的造价信息往往要在结算完成后才能获得。

工程造价管理依托于两个基本工作：工程量统计和成本核算。目前，普遍使用 CAD作为绘图工具的情形下，工程量统计会耗用造价人员 50%～80% 的时间。原因就是，手工图纸或者 CAD 图纸没有存储电脑可以自动计算的项目构件或部件信息，需要人工根据图纸或 CAD 图形在算量软件中完成建模再进行工程量的计算。无论是手工翻模还是基于

CAD 图识别建模，不仅效率低下、重复建模成本高，而且最终的工程量计算结果都依赖于模型的准确性，风险较大。

对于工程造价咨询行业，BIM 技术将是一次颠覆性的革命。BIM 彻底改变工程造价行业的行为模式，给行业带来一轮洗牌。美国斯坦福大学整合设施工程中心（CIFE）根据 32 个项目总结了使用 BIM 技术的如下效果：

（1）消除 40% 预算外变更；

（2）造价估算耗费时间缩短 80%；

（3）通过发现和解决冲突，合同价格降低 10%；

（4）项目工期缩短 7%，及早实现投资回报。

对于造价咨询公司和工程师个人来说，前三项效果的任何一项都是在行业内立足的资本。对于 BIM 技术而言：

（1）BIM 技术能够实现一模多用，即只要是项目的参与人员，无论是设计人员、施工人员，还是咨询公司、业主，基于 BIM 模型的工程量都是一样的。

（2）造价人员只需依据当地工程量计算规则，在 BIM 软件中相应地调整扣减计算规则，系统将自动完成构件扣减运算，从 BIM 模型里更加精确、快速地统计出工程量信息，造价工程师免去了烦琐的算量工作。

（3）利用 BIM 模型，加入时间、成本维度以及施工组织计划组建 5D 建筑模型，实现动态实时监控，可以更加合理地安排资金计划、人员计划、材料计划和机械计划等。

（4）对于设计变更，由于目前国内工程都以单价合同为主，结算价是合同价加上变更的合价。一般，项目会定期清理签证变更，但是真正能够及时清理的只是少数，主要的原因是：

①施工方签证上报意识薄弱；

②审核时间长，极少业主有能力及时完成审核工作；

③变更多为比选变更，流程长，由于工期紧张，很少能够进行比选决策，以致很多变更已经完成而咨询公司仍未收到变更通知，或者未经比选的已完变更在结算时导致总造价超过概算；

④变更了，在结算时资料不齐全，难以补齐，以致结算延迟。

因此当发生变更的时候，若有多个方案进行比选，只需将 BIM 模型根据不同变更方案进行调整，然后使用对量软件，对量软件就会自动汇总相关工程量的变化情况，快捷而且准确。将变更后的工程量套进计价软件中，这个变更导致的价格变化就能够快速出来，省去了繁琐的计量计价过程。在 5D 模型中，甚至可以将变更引起的工期变化直接导出来，让设计人员清楚认识设计方案的变化对工期的影响。

4.1.3 主流 BIM 算量软件

1. Revit 明细表提量

由于 Revit 并没有内置国内《房屋建筑与装饰工程工程量计算规范》，因此在 Revit 软件中无法提取清单量，只可提取实物工程量。步骤和内容如图 4-2~图 4-5 所示：

2. 其他算量软件

工程造价计量和计价软件，在很早之前就已经实现了模型化和电算化。目前基于

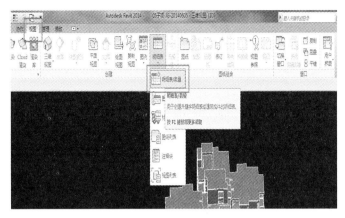

图 4-2　Revit 明细表提量

图 4-3　新建明细表

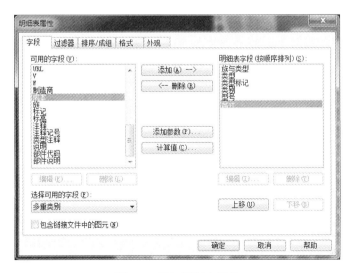

图 4-4　添加明细表属性

<多类别明细表 2>

A	B	C	D	E	F
族	族与类型	类别	合计	型号	类型
混凝土-矩形柱	混凝土-矩形-	结构柱	1	C35	400 x 700 mm
混凝土-矩形柱	混凝土-矩形-	结构柱	1	C35	600 x 600 mm
混凝土-矩形柱	混凝土-矩形-	结构柱	1	C35	600 x 600 mm
混凝土-矩形柱	混凝土-矩形-	结构柱	1	C35	600 x 600 mm
混凝土-矩形柱	混凝土-矩形-	结构柱	1	C35	600 x 600 mm
混凝土-矩形柱	混凝土-矩形-	结构柱	1	C35	600 x 600 mm
混凝土-矩形柱	混凝土-矩形-	结构柱	1	C35	600 x 600 mm
混凝土-矩形柱	混凝土-矩形-	结构柱	1	C35	600 x 600 mm
混凝土-矩形柱	混凝土-矩形-	结构柱	1	C35	600 x 600 mm
混凝土-矩形柱	混凝土-矩形-	结构柱	1	C35	600 x 600 mm
混凝土-矩形柱	混凝土-矩形-	结构柱	1	C35	600 x 600 mm
混凝土-矩形柱	混凝土-矩形-	结构柱	1	C35	600 x 600 mm
混凝土-矩形柱	混凝土-矩形-	结构柱	1	C35	600 x 600 mm
混凝土-矩形柱	混凝土-矩形-	结构柱	1	C35	600 x 600 mm
混凝土-矩形柱	混凝土-矩形-	结构柱	1	C35	600 x 600 mm
混凝土-矩形柱	混凝土-矩形-	结构柱	1	C35	600 x 600 mm
混凝土-矩形柱	混凝土-矩形-	结构柱	1	C35	600 x 600 mm
混凝土-矩形梁	混凝土-矩形-	结构框架	1	C25	250 x 800 mm
混凝土-矩形梁	混凝土-矩形-	结构框架	1	C25	300 x 600 mm
混凝土-矩形梁	混凝土-矩形-	结构框架	1	C25	300 x 600 mm
混凝土-矩形梁	混凝土-矩形-	结构框架	1	C25	300 x 800 mm
混凝土-矩形梁	混凝土-矩形-	结构框架	1	C25	300 x 600 mm
混凝土-矩形梁	混凝土-矩形-	结构框架	1	C25	300 x 600 mm
混凝土-矩形梁	混凝土-矩形	结构框架	1	C25	300 x 800 mm

图 4-5　明细表列表

Revit 设计模型进行计量和计价的软件有两种模式。一种模式是在 Revit 平台进行二次开发，另一种模式是利用插件，在独立平台中，将 Revit 模型转化为能在该平台进行计量的格式，或者在平台上直接进行建模，再对模型进行算量。见表 4-1。

现阶段国内主要 BIM 算量软件情况　　　　　　　　　　　　　　　　　表 4-1

公司名称	软件名称	软件情况
广联达软件股份有限公司	广联达钢筋BIM 算量	无需安装 CAD 即可运行,同时内置国家结构相关规范和平法标准图集标准构造。软件通过三维绘图、导入 BIM 结构设计模型、二维 CAD 图纸识别等多种方式建立 BIM 钢筋算量模型,整体考虑构件之间的钢筋内部的扣减关系及竖向构件上下层钢筋的搭接情况,同时提供表格输入辅助钢筋工程量计算
	广联达土建BIM 算量	无需安装 CAD 即可运行,软件内置《房屋建筑与装饰工程工程量计算规范》及全国各地现行定额计算规则;可以通过三维绘图导入 BIM 设计模型(支持国际通用接口 IFC 文件、Revit、ArchiCAD 文件)、识别二维 CAD 图纸建立 BIM 土建算量模型
深圳市斯维尔科技有限公司	BIM 三维算量For CAD	基于 AutoCAD 平台的土建工程算量软件,主要应用于工程招投标、施工、竣工阶段的工程量计算业务,在同一软件内实现了基础土方算量、结构算量、建筑算量、装饰算量、钢筋算量、审核对量、进度管理及正版 CAD 平台八个功能
	BIM 安装算量For CAD	以 AutoCAD 为平台,建立三维图形模型,解决给水排水、通风空调、电气、采暖等专业安装工程量计算需求
	BIM 三维算量For Revit	基于 Revit 设计模型,根据中国国标清单规范和全国各地定额工程量计算规则,直接在 Revit 平台上完成工程量计算分析,计算结果可供计价软件直接使用,软件能同时输出清单、定额、实物量

公司名称	软件名称	软件情况
上海鲁班软件有限公司	鲁班土建	二维 CAD 图纸转化识别,内置全国各地清单、定额、计算规则,可以显示三维效果,展示构件空间关系,还可以计算工程量,用于造价、成本管理
	鲁班安装	包括水、电、暖、消防等机电安装各专业,分专业快速建模,再整合成为机电安装 BIM 模型,CAD 转化直接建模
	鲁班钢筋	三维显示真实搭接方式,指导复杂部位钢筋绑扎。内置钢筋规范,工程量快速统计,便于成本信息的统计及钢筋成本管控

4.2　项目概况

广州市白云机场噪音区（安置区）项目位于广州花都区花山镇龙口村及新华街清布村,旧 106 国道以东,新 106 国道以西,三东大道以南,商业大道以北的区域。地块以西 4.5km 为花都区区政府,距离花都区城区距离较近,地理位置优越,自然环境良好。

项目是为解决广州白云机场周边受噪声影响居民的居住问题而建设的安置区,共需安置团结村和东湖村共约 648 户,主要由用于安置村民的住宅楼及其公共配套设施等组成。项目概览见图 4-6。

图 4-6　项目概览

项目总用地面积 123200m²,净建设用地面积 91692.7m²。总建筑面积约 293700.97m²,其中地上建筑面积 204800.87m²,计容 192555m²,设一层地下室（局部设地下二层地下室）,建筑面积约 88865.5m²。建筑密度 28%,容积率 2.1,绿地率 30%,机动停车位总数 2292 个,地下停车位 2063 个,地上停车 229 个,非机动车停车位面积 1543m²。

项目包括 29 栋 13 层（首层架空为活动空间）、建筑高度≤45.3m 的居住塔楼及两栋 12 层、建筑高度≤45.3m 高的小户型住宅塔楼,及安置区地块沿街布置的 1 层裙房和一层地下停车库及设备用房。此外,本项目也包括在安置区融资地块设置的一所规模为 10 班的幼儿园。

4.3 BIM 设施

4.3.1 应用软件

设计阶段 BIM 应用软件主要包括但不限于：Autodesk Revit2014、Navisworks2014、Ecotect 等，各软件所涉及的模型采用了全专业协同配合（建筑＋结构＋设备），其中 Revit 主要用于全专业三维模型的建立，Navisworks2014 用于管线综合模型的碰撞检查，Ecotect 主要用于绿色建筑分析方面。

4.3.2 组织架构

项目 BIM 实施的组织架构见图 4-7，BIM 顾问组的组成单位见图 4-8：

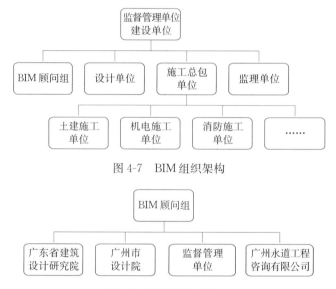

图 4-7　BIM 组织架构

图 4-8　BIM 顾问组构成

BIM 的服务内容和各单位在本项目中的职责见表 4-2：

BIM 的服务内容和各单位的职责分工　　　　　　　　　表 4-2

BIM 服务内容与职责分工表					
备注：	P＝执行主要责任；S＝协办次要责任；A＝需要时参与；				
	R＝审核；I＝提供输入信息；O＝接收输出信息				
I	BIM 服务咨询 及策划	主管/甲方	参与方		
		监督管理单位/建设单位	咨询	设计	监理	总包
	服务内容				
	确定 BIM 服务的范围和深度	S	P	A	
	确定 BIM 服务的内容	S	P	A	
	确定 BIM 服务的流程和架构	S	P	A	
	BIM 服务实施细则	R	P	A	
	BIM 服务合同	P	P		

BIM 服务内容与职责分工表						
备注：	P＝执行主要责任；S＝协办次要责任；A＝需要时参与；					
	R＝审核；I＝提供输入信息；O＝接收输出信息					
Ⅱ	BIM 服务实施	主管/甲方	参与方			
		监督管理单位/建设单位	咨询	设计	监理	总包
（ⅰ）	设计阶段 BIM 应用					
	基础建模及三维校审	R/O	R	P/I		
	初步管线综合	R/O	R	P/I		
（ⅱ）	施工阶段 BIM 应用					
	全程可视化交流	A/R	S	A	A	P
	施工场地布置	S/R	A		A	P/I
	二次管线综合	R	A	S	A	P
	工程计量和计价	A/R/O	P		A/R	S
	施工进度模拟与管控	S/R/O	A/O		R	P/I
	施工重点难点模拟	R/O	A/O		R	P/I
	全程变更 BIM 模型复核	R/O	A/R/O	R	A	P
	竣工模型整合及信息录入	O	S/R/O		A/R	P

4.4　BIM 应用目标

通过 BIM 技术和管理手段，拟达到以下目标：在项目全生命周期内提升工作流程效率，降低建造及运营成本，实现精细化管理，确保项目品质达到预期。

在项目不同阶段，BIM 技术的应用目标分别如下：

1. 设计阶段

通过提取 BIM 模型工程量进行方案优化和成本控制，优化设计方案使其更加绿色节能；提高设计图纸的质量，减少图纸中错漏碰缺的发生；使设计图纸切实符合施工现场操作的要求。

2. 施工阶段

通过可视化的方式辅助施工管理，使各方配合的效率及质量均大幅提高；通过 4D 模拟技术对施工进度进行管控，确保进度计划的落实；基于 BIM 模型的精确算量进行成本控制；应用 BIM 技术对场地布置、管线综合、施工重难点等进行模拟及合理排布，使施工进程顺利进行。

4.5　设计阶段 BIM 应用

项目依托 BIM 模型，不仅通过 BIM 软件辅助整个项目方案的优化以及施工图的深化，进一步实现全过程的可视化管理和信息共享，主要应用点包括：建筑性能分析、可视化设计、模块化设计、结构设计深化、三维碰撞检测、市政专业应用等。

4.5.1 建筑性能分析

1. 日照分析

项目在总图设计阶段采用 Ecotect 及天正日照等分析软件对总图布局进行日照分析，依据日照分析的结果对建筑的布局进行调整，使每一栋建筑都能满足日照采光的要求。见图 4-9 和图 4-10。

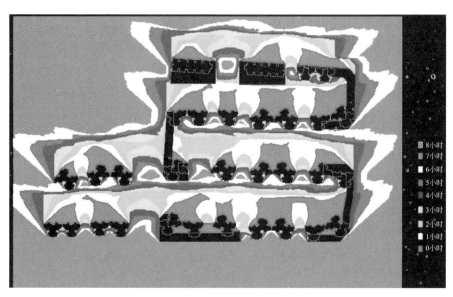

图 4-9 日照分析

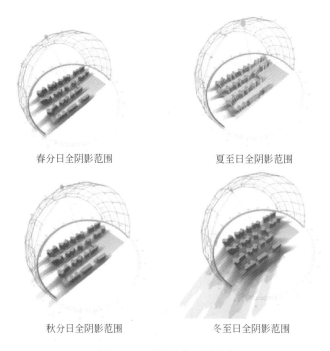

春分日全阴影范围   夏至日全阴影范围

秋分日全阴影范围   冬至日全阴影范围

图 4-10 不同时节日照分析

2. 室外风环境分析

通过对小区内部 1.5m 高处不同季节的风速、风压模拟测试，检验小区内部人行尺度范围内的风环境，从而优化小区室外的舒适性。见图 4-11。

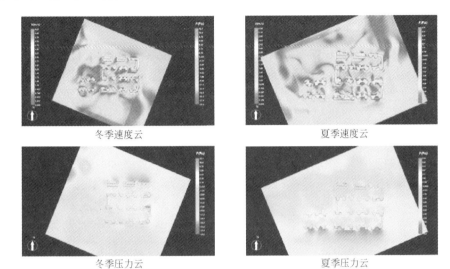

冬季速度云　　　　　　　　　夏季速度云

冬季压力云　　　　　　　　　夏季压力云

图 4-11　风环境分析

经测试结论，小区内部 1.5m 高处风速低于 5m/s：

（1）能确保人们在室外的人居日常活动舒适空间；

（2）有效指导园林景观专业布置合适的树种。

3. 室内自然通风模拟

在户型设计阶段，本项目运用软件对每个户型进行室内自然通风模拟，对各户型主要功能房间的空气流速进行检测，对于通风检测较为不利的房间，通过采用适当的措施加强自然通风。见图 4-12。

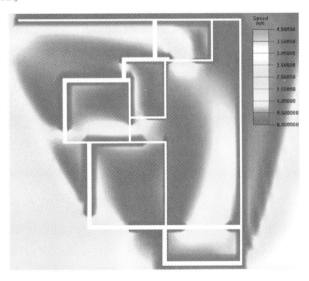

图 4-12　通风模拟分析

西南角户型对比，可以很明显地发现该户型的自然通风效果较差。由于南面有其他户型的遮挡，该户型的所有窗户都基本处于低风速区域，很难形成较大的风压差，室内各位置的空气流速均低于 0.5m/s。因此，建筑物的北侧户型应采取适当的措施来加强自然通风。

4. 室内自然采光分析

除了户型通风分析以外，本项目运用软件对各户型主要功能房间的自然采光进行模拟分析，C 栋标准层各户型的客厅、卧室、厨房自然采光满足规范内自然采光系数大于 2.2% 的要求；洗手间、过道的自然采光未能满足自然采光系数最低值 1.1% 的要求。见图 4-13。

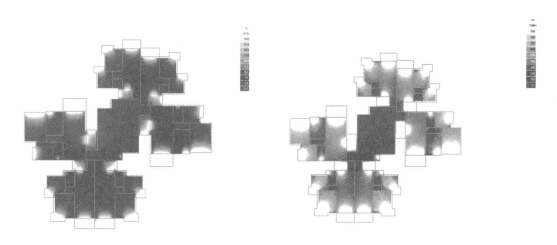

图 4-13　采光分析

5. 室内自然采光照度值对比（图 4-14）

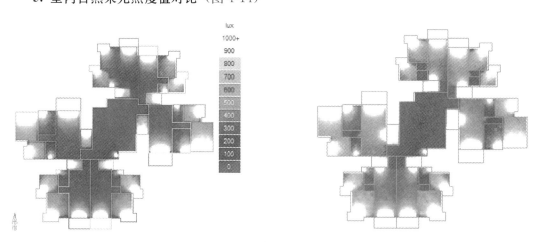

图 4-14　修改后与修改前自然采光照度

6. 室内自然采光修改后与修改前系数对比

C 栋标准层各户型的客厅、卧室、厨房自然采光满足规范内自然采光系数大于 2.2% 的要求；洗手间、过道的自然采光未能满足自然采光系数最低值 1.1% 的要求。因此，通过修改设计，使建筑物的自然采光更适合人室内活动。见图 4-15。

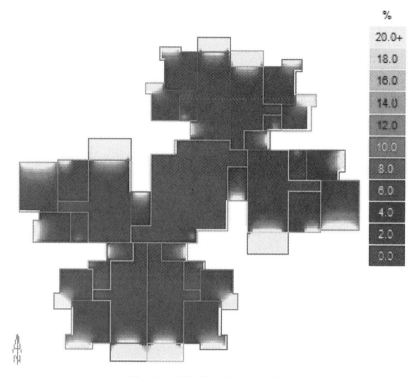

图 4-15　根据采光分析进行优化

4.5.2　全专业三维可视化建模及动画仿真

项目通过 BIM 技术将传统二维 CAD 图纸转化为可视化的模型，直观展示建筑的真实效果，方便设计师与业主的沟通，随时直接获取项目信息。

1. 总图、小区三维模型

项目总图和小区三维模型见图 4-16。

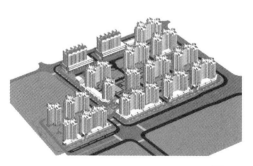

图 4-16　小区 BIM 模型

2. 单子项塔楼三维模型

本项目塔楼外立面为现代中式风格，屋顶局部为坡屋顶，塔楼底层为架空层，部分塔楼首层为商业及配套公建。项目在外立面设计阶段采用 BIM 技术辅助立面推敲，使业主能够直观方便地观察建筑立面形象。见图 4-17。

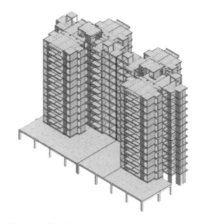

图 4-17　塔楼 BIM 模型

3. 标准层三维模型

项目从初步设计阶段，施工图阶段，到精装修阶段，实现模型的可视化，方便业主参与到建筑设计的整个周期，最大限度减少设计缺憾。见图 4-18。

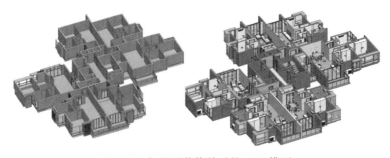

图 4-18　标准层装修前后的 BIM 模型

4. 地下室三维模型

项目地下室为车库及人防区域，地段内满铺地下室，局部为地下二层，项目采用各专业模型的可视化，增加专业间的互动性，方便各专业间检查碰撞和相互协调。见图 4-19。

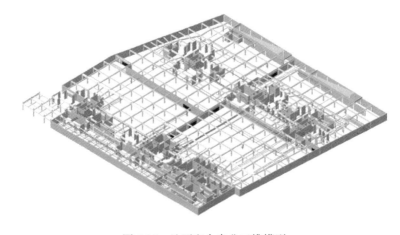

图 4-19　地下室全专业三维模型

5. 可视化动画模拟

项目结合 BIM 模型对整个场地及地下室进行动画模拟，直观、方便地向业主和使用方展示地上及地下部分的建筑布局及完成效果，增强各方之间的互动性。见图 4-20。

图 4-20　场地三维动画模拟

4.5.3　模块化设计

民用住宅可视为一简单的模块，通过创建标准模块库，利用单元组合的方式进行设计，可提高设计效率，降低成本。保障性住房的建设不追求新颖个性，模块化的设计在当中有巨大的优势。见图 4-21。

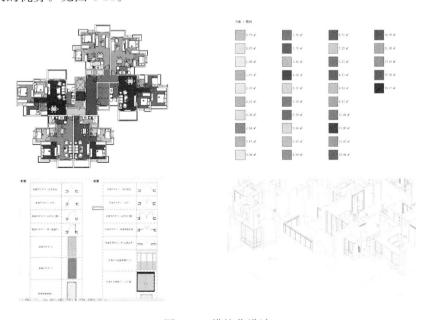

图 4-21　模块化设计

采用模块化设计，有利于提高设计效率、控制建造成本；安置区房屋的建设标准化为加快建设过程，节约建筑成本，可以建立标准设计模块库。

4.5.4 三维碰撞检测

1. 结构设计构件之间关系

复杂的结构设计，在建筑信息模型中，能清楚展示其空间关系，便于设计师评估设计可行性。见图 4-22。

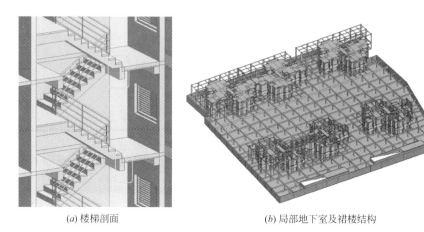

(a) 楼梯剖面   (b) 局部地下室及裙楼结构

图 4-22　空间关系检查

2. 三维碰撞检测

BIM 的碰撞分析，能在三维环境下，检测建筑、结构、设备等多个专业之间的碰撞冲突。在设计阶段可以避免传统施工中的工程变更，节约造价，缩短工期。见图 4-23。

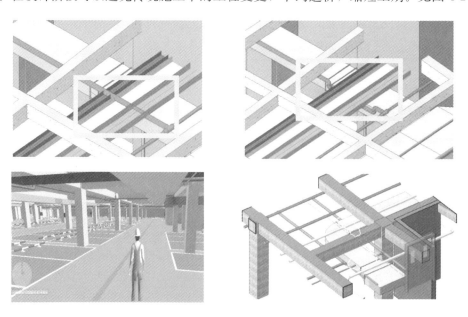

图 4-23　三维碰撞检测

4.5.5　市政道路上的应用

1. 土方计算

通过 BIM 技术，直观地查看设计者所定义的标高立体模型，可直观看到部分错误的标高；通过调整标高直接计算出土方填挖量，提高设计效率。见图 4-24。

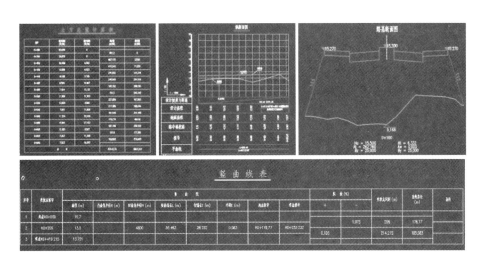

图 4-24　基于 BIM 的土方计算

2. 道路设计

通过 BIM 的联动技术可以把道路的纵断面图、路基断面图、竖曲线表、道路土方计算表、道路横断面图联系在一起，当道路设计标高或者横断面修改，相应的表格会自动变化，不用设计者重新计算出图，提高设计效率。见图 4-25。

图 4-25　基于 BIM 的道路设计

3. 管线与道路模型整合

通过系统碰撞检查与三维模型查看，可以即刻发现管道交叉碰撞等明显错误，并立即进行修改。将市政道路设计文件与市政管道设计文件融合，可以查看实际的竣工效果。见图 4-26。

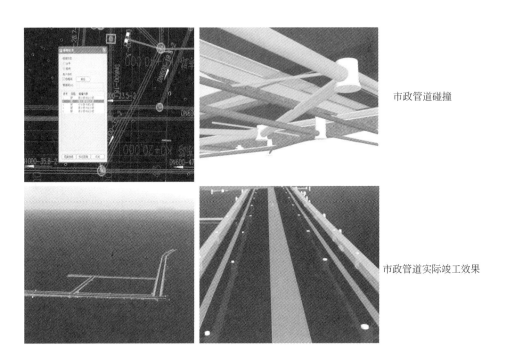

市政管道碰撞

市政管道实际竣工效果

图 4-26　管线和道路模型整合

4.5.6　设计阶段 BIM 应用小结

项目首次在安置房类型项目中运用 BIM 技术，项目通过全专业 BIM 技术的应用，取得了以下成效：

（1）建筑性能化分析，满足国家节能要求，根据数据优选出最适合人居舒适的最佳方案设计。

（2）可视化设计，实现可施工性、房屋功能等分析，有利于各方直观了解设计意图，从而使业主及各方对项目建设目标达成一致意见，以达到降低决策沟通成本的目的。

（3）模块化设计，有利于提高设计效率，控制建造成本，安置区房屋的建设标准化加快建设过程，节约建筑成本，并为建立标准设计模块库提供了依据。

（4）基于 BIM 的碰撞检测，可以在三维环境下找出二维图纸难以发现的碰撞冲突，在设计阶段就可以解决大部分在施工阶段才能发现的问题，在设计阶段解决，可以大大减少由于管线冲突造成的二次拆改施工，从而节约施工成本。通过控制难点区域，避免由于各专业没有综合意识，各自施工造成现场混乱的情况；建设过程中由于误解造成的返工。

（5）市政 BIM 应用：

①场地模型可检验规划部门提供的地质勘察资料的准确性；

②准确直观的设计出土石方挖填量，供核算工程量参考；

③通过模型直观了解地下隐蔽工程情况，充分利用道路地下空间，大大提高施工现场作业效率。

（6）设计阶段 BIM 应用为后续施工阶段模型和数据的延续性做好技术准备。

（7）提升了项目的协同能力，由于本项目 BIM 模型提供了完整的工程数据，众多的协作单位，可基于 BIM 平台协同工作，大大减少协同问题，提升协同效率。

（8）通过高质量的施工前技术方案，完善的施工图，可视化交底，方案预演，大幅提升了项目的质量。

见表 4-3 和表 4-4。

BIM 优化后的土建和机电节省总造价　　　　　　　　　表 4-3

序号	子项	优化前	优化后	优化量	单价	节省造价
1	场地土方量	挖方量约 452789m³，填方量为 6557.9m³	挖方量为 407502.52m³，填方量为 5902.15m³	节省挖方量的 45278m³，填方量 655.79m³	外运土方约 44622m³，其中挖方单价约 4 元/m³，填方单价约 5.5 元/m³，外运土方按 20km 考虑约 49 元/m³	约 2371196 元
2	地下室	原建筑面积 88900.1m²	建筑面积 83433.1m²	5467m²	地下室单方造价根据历史项目约 3000 元/m²	约 1600 万元
3	塔楼工作阳台坡屋顶	坡屋顶平面尺寸约 1500mm×2000mm，共 152 处，合计面积的 456m²	优化为平屋顶	456m²	根据建筑坡屋顶构造打样，其中，瓦屋顶单价约 150 元/m²、钢筋混凝土板（含钢筋、混凝土、模板等费用）的 130 元/m²、坡屋顶内立面抹灰找平及外墙涂料约 40 元/m²	约 145920 元
4	塔楼东西向窗外遮阳百叶	铝合金外遮阳百叶面积约 6178m²，总窗长度约为 3252m	调整为土建窗套外飘 0.5m	6178.8m²	外遮阳百叶按铝合金百叶单价约 500 元/m²	约 250 万元
5	管线碰撞点	地上部分共检测碰撞点 1575 项，地下室都分共检测碰撞点 2641 项				约 613464.09 元
6	总计	约 2163 万元				

白云机场噪声区治理 **BIM** 项目算量机电专业应用点　　　　　表 4-4

一、	BIM 项目收益估算应用点				
（一）	地下室				
	管线碰撞检查:地下室共检测 2641 项碰撞,其中第一子项碰撞点 353 项,第二子项碰撞点 2288 项				
序号	名称	单位	数量	综合单价(元)	合价(元)
1	防排烟风管	项	132.00	344.66	45,495.12
2	消防给水管	项	924.00	196.40	181,473.60
3	生活给水管	项	264.00	514.34	135,785.76
4	电气金属线槽	项	264.00	91.00	24,024.00
5	电气配管、配线	项	1,056.00	84.00	88,704.00
	合计				475,482.48
（二）	地上部分				
	碰撞检测(通过提前检测碰撞,节省图纸会审成本以及现场返工成本):地上部分共检测碰撞点 1575 项				
序号	名称	单位	数量	综合单价(元)	合价(元)
1	消防给水管	项	236.25	98.20	23,199.75
2	生活给水管	项	236.25	93.85	22,172.06
3	电气配管、配线	项	1,102.50	84.00	92,610.00
	合计				137,981.81

说明：1. 总的碰撞点按各专业所占比例划分专业碰撞点；

　　　2. 综合单价是按现场返工条件计算，综合单价为全费用单价，包含税金、规费等费用。

4.6　计量 BIM 应用

项目选取第 5 子项—T4 栋住宅裙房作为应用的典型范围，项目概况为地上 14 层，无地下室，建筑面积约 7600m²，为框架剪力墙结构。利用 BIM 软件建模和算量，主要 BIM 软件为 Autodesk Revit 和国内几款主流软件，以及使用传统的方法进行算量，进行工程量对比。见图 4-27～图 4-29。

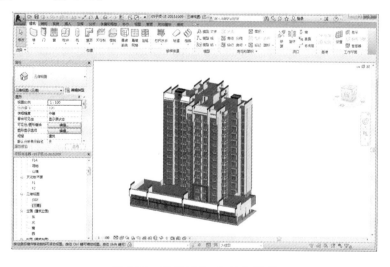

图 4-27　05 子项 Revit 整合模型

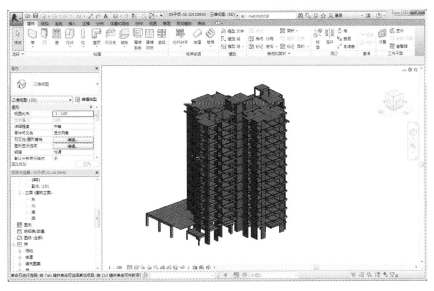

图 4-28　05 子项 Revit 结构模型

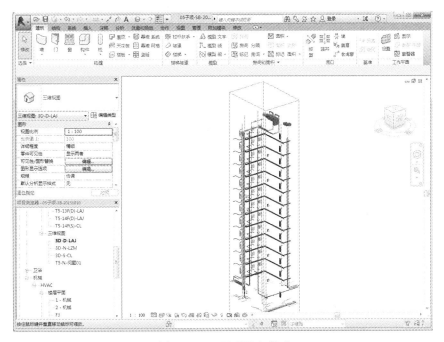

图 4-29　05 子项机电模型

4.6.1　Revit 直接提取实物量

由于 Revit 只能出实物工程量，故与我国现行的计量规范存在一定的差异。下面以砌体墙为例，介绍计量的步骤及成果情况。

Revit 砌体墙构件工程量导出步骤如下：

步骤一，在视图中打开明细表，在类别中选择墙（图 4-30）。

图 4-30　明细表

步骤二，按照所需要的参数选择明细表字段（图 4-31）。

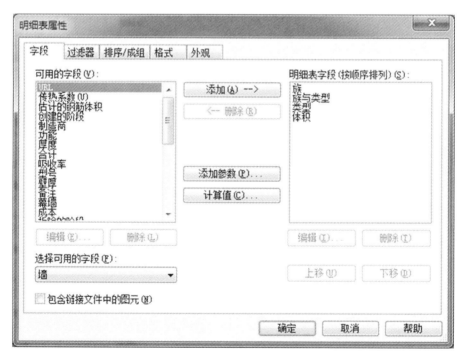

图 4-31　明细表参数

得到明细表见图 4-32。

<墙明细表 2>				
A	B	C	D	E
族	族与类型	幕墙	体积	合计
基本墙	基本墙：涂料		3.50	1
基本墙	基本墙：砖墙-		3.14	1
基本墙	基本墙：砖墙-		2.00	1
基本墙	基本墙：砖墙-		0.22	1
基本墙	基本墙：砖墙-		0.43	1
基本墙	基本墙：砖墙-		0.18	1
基本墙	基本墙：涂料		18.77	1
基本墙	基本墙：涂料		3.27	1
基本墙	基本墙：砖墙-		0.21	1
基本墙	基本墙：砖墙-		0.43	1
基本墙	基本墙：砖墙-		0.51	1
基本墙	基本墙：砖墙-		2.53	1
基本墙	基本墙：涂料		3.35	1
基本墙	基本墙：砖墙-		0.41	1
基本墙	基本墙：砖墙-		2.90	1
基本墙	基本墙：砖墙-		2.01	1
基本墙	基本墙：砖墙-		0.45	1
基本墙	基本墙：砖墙-		0.14	1
基本墙	基本墙：砖墙-		0.14	1
基本墙	基本墙：砖墙-		0.48	1
基本墙	基本墙：砖墙-		0.14	1
基本墙	基本墙：砖墙-		2.05	1
基本墙	基本墙：砖墙-		1.30	1

图 4-32　明细表列表

步骤三：设置明细表排序/成组（图 4-33）。

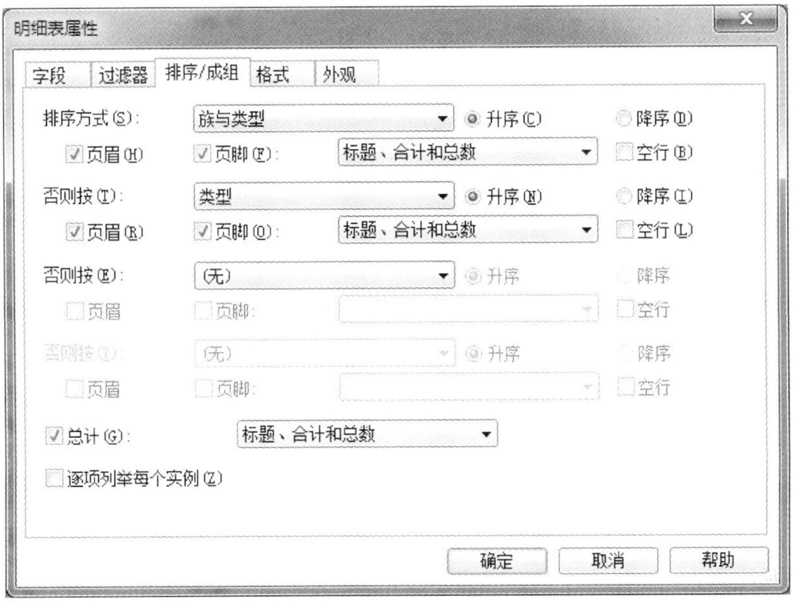

图 4-33　设置明细表排列

步骤四：设置明细表格式，在体积点选计算总数，点击"确定"（图 4-34）。

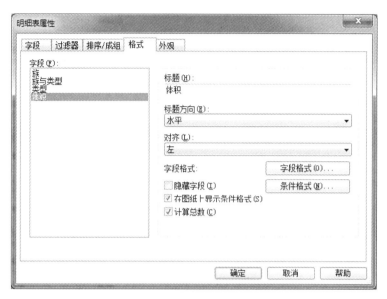

图 4-34 设置明细表格式

步骤五：得到明细表如图 4-35 所示，明细表中即可计算出体积总数。

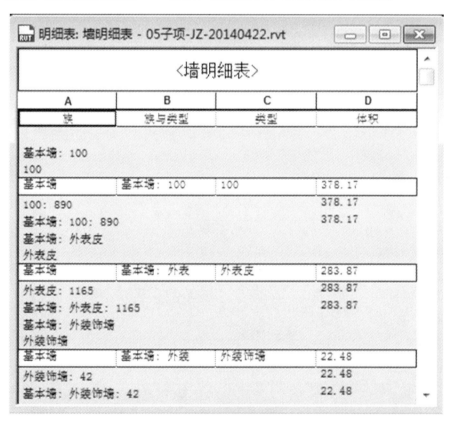

图 4-35 计算体积总数

4.6.2　计量步骤及成果对比

采用 Revit 模型直接导入计量软件的方式。

如果要提取符合现行规范的工程量并直接输出工程量清单，需要使用专门开发的插件进行转换，这对建模的深度也有一定的要求，且应按规定的建模规则进行建模并描述构件的信息，即应建立并应用统一的建模规则，如果建模提供的模型深度和建模规则达不到要求，会导致在转换过程中出现信息错误及构件丢失。这里用广联达软件导模的方式进行举例（以楼板和砌体墙为例）。

1. 楼板构件导入的步骤

第一步，按楼层按构件对模型进行检查（图 4-36）。

图 4-36　检查模型

检查结果见图 4-37。

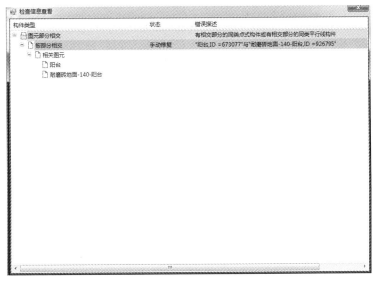

图 4-37　检查结果

第二步，根据构件的 ID，查找有问题楼板的具体位置（图 4-38）。

图 4-38　按照 ID 选取构件

如图 4-39 所示，为问题构件查找结果，两种板重叠（红色部分为问题构件）。

图 4-39　检查问题构件

第三步，对问题楼板进行修改（图 4-40）。

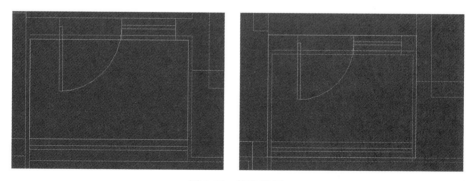

图 4-40　修改楼板

第四步，对楼板再次检查（图 4-41）。

图 4-41　异常提示

2. 砌体墙构件导入的步骤

第一步，按楼层按构件对模型进行检查（图 4-42）。

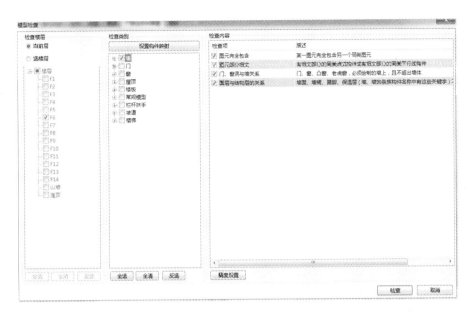

图 4-42　检查模型

检查结果见图 4-43。

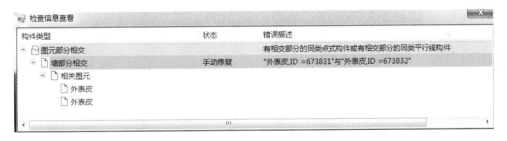

图 4-43　检查结果

第二步，根据构件的 ID，查找有问题楼板的具体位置（图 4-44）。

图 4-44　按照 ID 查看构件

如图 4-45 所示，为问题构件查找结果，两面墙重叠（红色部分为问题构件）。

第三步，对问题墙进行修改（图 4-46）。

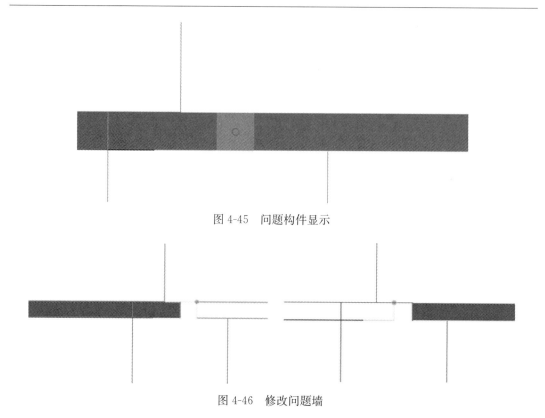

图 4-45　问题构件显示

图 4-46　修改问题墙

第四步，对墙再次检查（图 4-47）。

图 4-47　异常提示

将模型修改好之后，就可以导出模型量。导出的模型量见图 4-48。

序号	编码	项目名称	单位	工程量	工程量明细	
					绘图输入	表格输入
1	010502001001	矩形柱	m3	41.3648	41.3648	0
2	010502003001	异形柱	m3	11.48	11.48	0
3	010503002001	矩形梁	m3	5.0504	5.0504	0
4	010504001001	直形墙	m3	625.7284	625.7284	0
5	010505001001	有梁板	m3	1169.649	1169.649	0

图 4-48　清单汇总

将得到的工程量与传统计价方法计算得出的工程量对比之后，得到结果如表 4-5 和表 4-6 所示。

工程量对比   表 4-5

单方工程量指标	砌体	混凝土	楼板	门	窗	模板	备注
传统方式计量	0.2	0.29	0.17	0.18	0.14	2.73	地上部分工程,不含地下室
某 A 软件出量	0.26	0.35	0.25	1.66	1.41	3.65	
某 B 软件出量	0.26	0.16	0.16	—	—	1.88	
某 C 软件出量	0.18	0.24	0.15	0.22	0.05	2.42	
Revit 软件出量	0.17	0.25	0.15	0.21	0.19		

BIM 与传统计价对比   表 4-6

对比	砌体	混凝土	楼板	门	窗	模板	备注
某 A 软件出量	27.08%	23.93%	53.28%	830.42%	908.04%	33.67%	地上部分工程,不含地下室
某 B 软件出量	29.90%	−45.50%	−6.26%	—	—	−31.11%	
某 C 软件出量	9.20%	−15.19%	6.96%	23.66%	−61.13%	−11.40%	
Revit 软件出量	4.49%	−11.01%	−7.10%	18.37%	33.73%	—	

通过规范建模规则和构件信息等方式，从 Revit 直接提取工程量，结构及部分建筑工程量的准确性已符合造价管理的要求。

一般来说，要提取符合计量要求的工程量，需要两个步骤进行处理，一个是标准化步骤，另一个是规范化步骤。本项目由设计院直接提供 BIM 模型，但是由于设计院提供的 BIM 模型无论在构件信息方面还是构件精细度方面都不符合出量要求，无法提取工程量。因此又通过插件和构造柱、圈梁、过梁，得到规范化的模型，提取符合规范要求的工程量。钢筋算量和比较复杂的建筑装饰部分，仍然需要算量（如广联达）或者手算。

将得到的工程量与传统计算工程量对比之后，结果如表 4-7 所示：

与传统计价对比   表 4-7

	砌体	混凝土	楼板	门	窗	模板
直接使用 Revit 模型出量	4.49%	−11.01%	−7.10%	18.37%	33.73%	—
按照标准修改后 Revit 模型出量	4.29%	−0.45%	−3.77%	−5.87%	2.39%	—

4.6.3 计量差异的原因分析

1. Revit 直接提取实物量

（1）计量规则问题。提取的工程量为实物量，传统计算方式和计量软件工程量按现行的计价规则进行计算。

（2）模型的深度和构件的信息。构件的信息是否完整、规范、统一，直接影响数据提取的完整性。

（3）建模时不同专业的构件搭接未能相互扣减，例如砌体墙和梁之间不会相互扣减。

（4）相同专业的构件扣减原则与计价规范不同，例如应用软件默认扣减关系为板扣减柱和扣减梁。

2. 应用 BIM 计量软件计算工程量（模型导入方式建模）

（1）图模一致性问题。现阶段设计人员并非直接应用建模软件进行设计，一般均是在二维设计的基础上根据设计图纸翻模，模型与图纸不符的情况时有发生。

（2）设计建模和算量建模对构件的信息要求存在不同，导入的模型存在信息丢失的情况，需要建模人员修补的工作量较大。

（3）设计应用的模型，一般达不到计量要求的深度。

4.7　小结

BIM 技术的应用和推广已经是大势所趋，但是 BIM 在工程造价管理上的应用价值仍处于探索阶段。随着技术发展，应改变目前 BIM 技术主要用于设计阶段或施工现场管理的现状，推动 BIM 技术应用于项目全寿命周期的造价管理，推动造价咨询行业向精细化管理发展。

BIM 对于工程造价管理的影响是全方位的，造价行业在整个计量计价的过程中花费较多的人力物力。如果将 BIM 技术应用到造价中，一方面可以将造价人员从繁琐的计量和计价的工作中解放出来，将更多的精力投入到更有价值的工作上，例如合同管理和风险管理。另一方面，利用 BIM 模型，加入时间、成本维度以及施工组织计划组建 BIM5D 建筑模型，可以实现工程信息的全面覆盖和动态更新以及对各参与方进行协同管理，还有对项目实施实时监控，这些都有利于我们对项目的工期和成本进行有效管控。

通过对本项目 BIM 应用的分析，目前在 BIM 应用方法仍存在一定的问题和困难，包括：

（1）国家的 BIM 标准体系不完善，现行的一些制度和标准不能完全支持 BIM 应用；

（2）BIM 应用软件不配套且集成应用缺少平台支撑，使模型在建立、交换、存储、使用不畅；

（3）BIM 提交的成果数据交换交付标准缺失，缺少成果验收标准；

（4）工程量清单计算规则问题与构件实物量差异问题，是 BIM 技术在造价应用的瓶颈。

第 5 章 万科云二期项目 BIM 应用

5.1 项目概况

5.1.1 工程概况

万科云二期项目,位于广州市天河区华观路与高唐路交接处。项目包括 1 栋 13 层、1 栋 15 层及两层地下室,中间为钢结构连廊。总用地面积 16998m²,建筑面积 39138m²,其中地上 30581.7m²,地下 8556.3m²,为设计施工一体化项目。

万科云二期项目效果图如图 5-1 所示。结构为钢筋混凝土框架剪力墙结构,由广州市万旭房地产有限公司投资兴建,广州市联嘉监理建设有限公司监理,中天建筑设计研究院设计,中天建设集团有限公司总承包施工,其中 1 栋 13 层为中天建设集团有限公司南方总部大楼。

图 5-1 万科云二期

5.1.2 软件设施

万科云二期施工应用的 BIM 应用软件主要包括:广联达 BIM5D、Revit、Magicad、Lumion、Sketchup、Navisworks、Tekla、广联达三维场地布置、广联达三维模板设计等。

5.1.3 工程重难点

（1）施工现场场地狭窄，无法形成循环通道，施工运输难度大，同时也为场地内材料的二次吊运带来一定难度，因此对现场场地临时设施搭建要求较高，三维场地布置合理性需要严密考虑。

（2）施工周期短，施工计划落实受到诸多因素影响，施工进度三维可视化沟通方式需求迫切，本工程项目受到劳务分包管理、采购等因素影响，管理过程需要可视化作为指导。

（3）钢连梁部位结构安装复杂，工期紧，不能与主楼同时施工，二次施工给现场带来不便。

（4）主体结构 6 层以上才是标准层，对生产材料容易造成浪费，需要对材料领用、废料形成系统性管理。

（5）塔吊由于钢结构影响，不能自由解体，需要用 500t 吊机空中解体。

5.2 项目应用

万科云二期项目依托 Revit 土建模型、Magicad 模型以及 GCL 算量模型等，在 BIM5D 平台上进行工程项目信息化管理过程应用，主要划分为技术管理应用及商务管理应用两大板块。通过图 5-2 的实施过程，实现的主要应用点有：三维场地布置、施工模拟、三维模型交底、劳务分包信息化管理、成本管理、公司标准化作业推进、三维扫描仪应用、放样机器人放样以及竣工运维管理等。

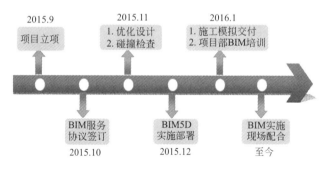

图 5-2 项目实施过程流程图

5.2.1 三维场地布置

由于项目场地范围较狭窄，无法形成运输回转路线，所以在前期施工进场准备阶段需要对场地进行合理化的布置。由传统的二维 CAD 平面图转换为三维场布图，可以更加形象直观的展示施工场地布置规划，并且把周边的已有建筑和相关道路放到三维场布的相应位置，可以提前预估施工对周边的影响和场布是否合理，也能减少现场踏勘的工作量。见图 5-3 和图 5-4。

具体实施步骤：

图 5-3 三维场地布置效果图

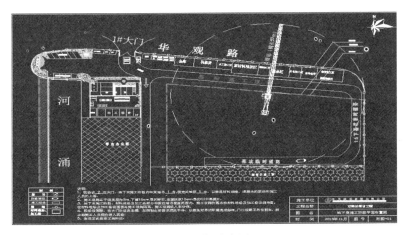

图 5-4 场地布置

（1）获取场地布置二维平面图；

（2）通过广联达三维场地布置快速建模，完成第一阶段场地布置；

（3）进行场地布置合理性检查，并通过项目例会讨论临时设施搭建调整方案。

（4）完成最终场地布置方案并使用 Sketchup、Lumion 建立精细化场地布置模型及方案。见图 5-5～图 5-7。

5.2.2 施工模拟

根据万科云二期的施工计划制作施工模拟视频，相关人员在开工前就能直观地了解本工程的总体建造计划；以动画对比的形式展现进度偏差，更加形象地说明问题所在，便于后期制定整改计划。

在 BIM5D 平台上实现的施工模拟是结合 Project 进度计划的 BIM 可视化成果输出，在总体进度例会或是阶段性进度例会上皆可发挥作用，可大大提高沟通效率和沟通效果，而现场的进度计划会在施工过程根据实际情况发生改变，在 BIM5D 平台当中我们可以直

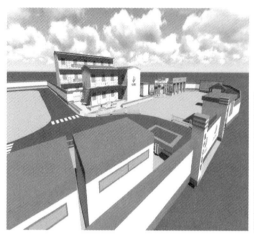

图 5-5 场地模型

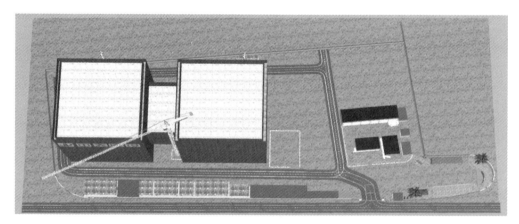

图 5-6 合理性检查

图 5-7 场地布置方案

接根据实际情况更新进度计划，并通过合理划分施工流水段等操作使模拟更契合现场的施工情况。见图 5-8。

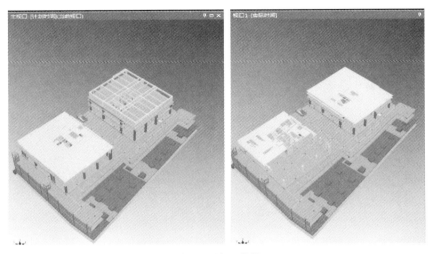

图 5-8　施工模拟

具体实施步骤：

（1）制定总体施工进度计划，并通过项目例会讨论完善计划，形成初步进度计划方案。

（2）流水段划分。BIM 工程师通过与项目部技术负责对接，综合现场施工各类因素的影响，制定最佳流水段分区图，并将 CAD 流水段分区图整合到 BIM 应用平台当中，划分模型文件，形成三维流水段划分。见图 5-9。

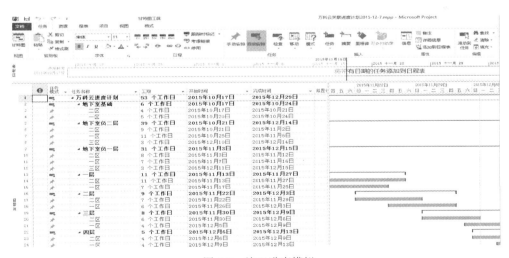

图 5-9　施工进度模拟

（3）进度计划关联模型。在完成流水段划分之后，将模型文件与相对应的进度计划时间节点进行关联，完成计划与模型的挂接。见图 5-10。

（4）记录现场实际施工情况，通过收集周报、施工日志等资料，将进度报量、实际完成时间录入平台当中完成实际施工模拟。见图 5-11。

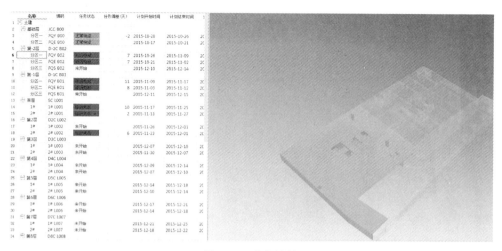

图 5-10 进度计划

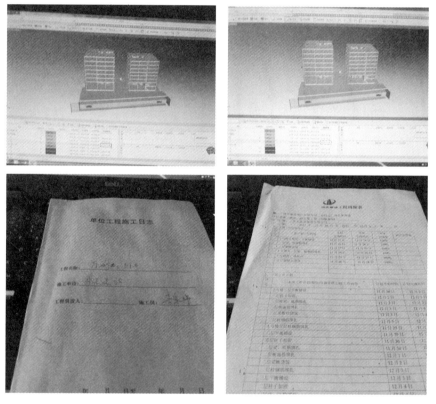

图 5-11 施工模拟的录入

5.2.3 三维模型交底

以往的工程项目在进行班组进场前的技术交底或是针对现场管理人员的交底时，一般只是借助一些二维图形或者是现场照片，交底效果并不是特别理想。本工程项目借助 Revit 模型以及 Navisworks 等软件搭建各方面交底模型并进行三维可视化交底，以新颖的交底方式展现给相关的工程人员，取得了良好的技术交底效果。见图 5-12 和图 5-13。

具体实施步骤：

（1）BIM 团队收集现场的技术交底需求，并与工程项目技术人员深入探讨交底要点，明确所需模型以及施工工艺要求。

（2）收集项目部的技术交底方案以及相对应的 CAD 图纸等资料，BIM 团队根据实际情况建立 Revit 模型。

（3）BIM 团队将交底模型交付万科云二期项目部，项目部技术负责在班组进场前使用相关模型作为辅助对班组人员进行交底，并将交底效果及时反馈给 BIM 团队以作为下一次模型制作的参考，为完善交底模型提供实际性依据。

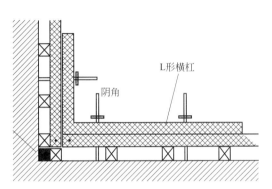

图 5-12　传统交底方式所使用的二维图纸与现场照片

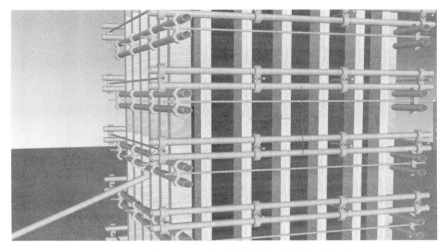

图 5-13　使用 Revit 搭建的结构柱支撑体系模型

利用 Revit 模型进行技术交底相对以往的交底方式不仅仅使交底过程可视化，还可以通过对模型进行标注、不同视角旋转观察、突出显示复杂节点等操作使交底工作更为深入和全面，并且在施工工艺方面的展示更加符合规范要求。交底工作效率提高的同时，工程技术人员的工作方式也在发生变化。

5.2.4 三维模板设计

在三维模型上进行模板设计，可以进行全局考虑，使得计算更精准，克服传统只计算某构件模板引起的废料增加问题；以模型为基础，减少因个人考虑不周全、识图问题、经验问题等导致的配模误差，同时，保证信息的存储性，出现问题时有数据可供查询。见图 5-14 和图 5-15。

具体实施步骤：

（1）BIM 团队获取工程项目模板设计需求，并收集 CAD 图纸等资料图纸。

（2）BIM 团队通过导入 GCL 图形算量文件或者是在三维模板设计软件中直接建模的方式搭建主体结构模型，与本项目技术人员探讨排模具体要求及影响因素，综合考虑相关规范以及现场材料供应情况后，设定相关排模参数，输出结果。

（3）对排模输出的 CAD 图纸以及下料单进行校核，交付现场使用。

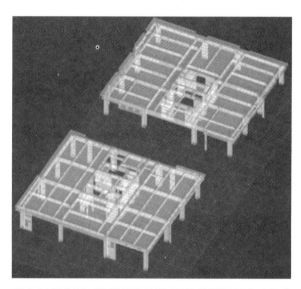

图 5-14 标准层三维模板设计及 CAD 排模图纸自动生成

通过直接导入模型并设定参数的方式可快速进行模板三维设计，相比以往的工作方式效率大大提高，此外我们也可以利用模板排布的三维模型进行交底方面的应用，进一步提高模板施工的工作效益。

5.2.5 自动排砖

BIM5D 可以用模型本身进行排砖，既有直观排砖图展示，也有砖量和灰缝砂浆用量统计，并且为后期班组用料管理阶段提供审核依据；BIM 平台中实现的自动排砖功能可以突破传统的工作方式，提高项目部技术人员的工作效率。见图 5-16。

具体操作步骤：

（1）BIM 团队获取工程项目排砖设计需求，并收集 CAD 图纸等资料图纸。

（2）BIM 团队利用 BIM5D 平台，与本项目技术人员探讨排砖具体要求及影响因素，综合考虑相关规范以及现场材料供应情况后，设定相关排砖参数，输出结果。

下料统计表

工程名称：　　日期：2015-12-11

施工单位：

序号	规格（mm）	单位	数量	面积（m²）
1	1830×915	张	802	1342.91
2	1830×911	张	1	1.67
3	1830×910	张	2	3.33
4	1810×915	张	1	1.66
5	1830×905	张	1	1.66
6	1830×900	张	29	47.76
7	1830×895	张	3	4.92
8	1785×915	张	1	1.63
9	1780×915	张	1	1.63
10	1830×885	张	5	8.1
11	1760×915	张	2	3.22
12	1830×875	张	1	1.6
13	1830×870	张	5	7.96
14	1740×915	张	1	1.59
15	1830×865	张	4	6.33
16	1830×860	张	2	3.15
17	1720×915	张	1	1.57
18	1830×855	张	7	10.95
19	1830×850	张	9	14
20	1830×845	张	2	3.09
21	1670×915	张	1	1.53
22	1830×830	张	30	45.56
23	1830×825	张	3	4.53
24	1830×815	张	11	16.41
25	1830×805	张	8	11.79
26	1830×800	张	46	67.34

选择构件　导出pdf　导出excel

模板材料统计表

工程名称：模板设计1　日期：2015-12-11

施工单位：

构件类型	构件规格	构件位置	模板用途	面板规格	数量（张）	面积（m²）
板	100	1-1/1-1-2轴/1-C-1-F轴	底模	115×1195	1	0.14
				115×1830	3	0.63
				130×1830	1	0.24
				130×455	1	0.06
				735×1830	1	1.35
				915×1830	9	15.07
		1-1/1-1-2轴/1-E-2-F轴	底模	40×1510	1	0.06
				40×1830	2	0.15
				595×1830	1	1.09
				915×1830	5	8.37
		1-1/1-1-2轴/1-F-1-F轴	底模	470×1335	1	0.63
				470×1830	2	1.72
		1-1/1-1-2轴/2-A-D1-D轴	底模	545×1490	1	0.81
				545×1830	1	1.00
				575×1830	2	2.10
				915×1490	1	1.36
				915×1830	7	11.72
		1-1/1-1-2轴/B1-D-1-D轴	底模	545×1540	1	0.84
				545×1830	1	1.00
				825×1830	2	2.29
				915×1540	1	1.41
				915×1830	7	11.72
		1-1-1-1/1轴/1-E-2-F轴	底模	40×1425	1	0.06
				40×1830	2	0.15
				510×1830	1	0.93
				85×1685	1	0.14

选择构件　导出pdf　导出excel　关闭

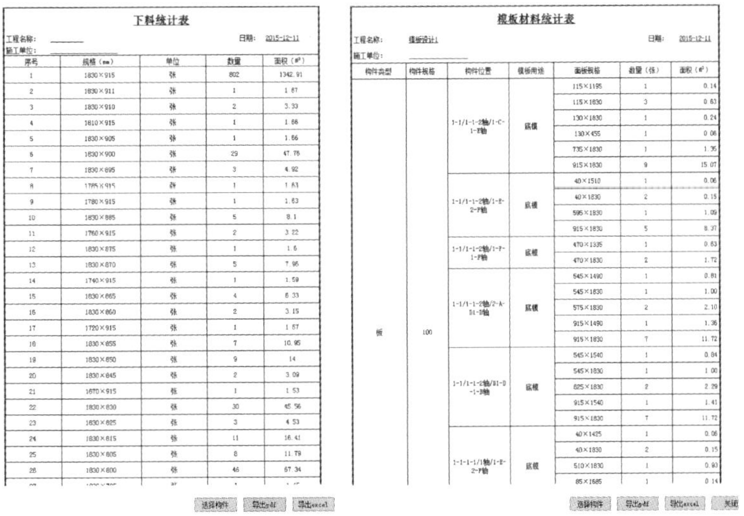

图 5-15　下料统计表及模板材料统计表

（3）对排砖输出的 CAD 图纸以及材料统计表进行局部校核，交付现场使用。

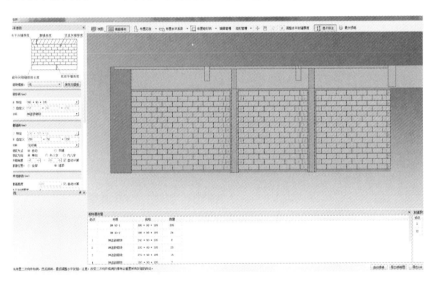

图 5-16　BIM 平台中的自动排砖功能

5.2.6　质量安全管控

质量安全管理是项目管理中的重中之重，施工现场质量和安全隐患的及时反馈和处理尤为重要。以往的工程项目对于质量安全方面的管控缺乏系统性的工具，不能形成完整的管理流程，更重要的是不能对管理动作形成有效记录，数据缺乏有效处理和分析，譬如，项目部管理人员与分包班组之间的沟通工具主要是通过手机、对讲机等通信工具，管理人员对于现场出现的质量安全问题主要通过这两者与班组负责人进行沟通，即使手机端有诸如微信、钉钉等软件，此类社交软件虽具备沟通的时效性，但缺乏数据存储性和处理数据的功能。

我们在 BIM5D 系统中通过三维模型与施工现场质量安全问题挂接，摆脱对常规经验的依赖，快速、全面、准确地预知项目存在的问题，将存在的质量或安全问题精准定位进行跟踪，并附有原因、处理办法及相关图片。在施工过程中参与方可就这些问题的处理及交换意见，各方也可实时关注问题的状态，跟踪问题的进展，直至问题完全解决存档为止。见图 5-17。

针对施工现场 BIM 管理，目前的 5D 施工管理软件，已经实现了全过程 5D 模拟及全过程管理控制，在任意时间节点的工程各类数据盘询，随时生成项目状态报告，并与计划方案进行对比，进行调整。见图 5-18。

运用 BIM 技术进行质量安全管控是项目精细化管理的第一步，结合 BIM 技术的精细化管理，可以提高工程项目的产品质量和保障建造过程的顺利进行，最终形成项目级别的基于 BIM 技术的质量安全管控办法，

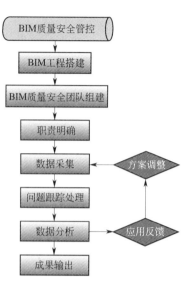

图 5-17　质量安全管控技术路线

在质量管理方面，可以减少返工以及质量整改的人力物力，促进项目节约成本，提高工效，也为公司在竞争环境日益激烈的今天有更稳健的根基。

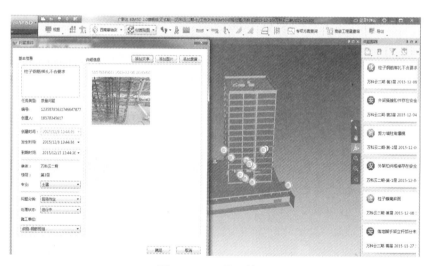

图 5-18　5D 施工管理

具体实施步骤：

（1）BIM 工程搭建：运用 BIM5D 平台搭建工程项目，并导入相对应的 BIM 模型。

（2）BIM 团队组建：在 BIM5D 平台上完成相关人员的组建，并明确在项目应用中的 BIM 职责。

（3）BIM5D 手机端的使用：在研究项目开展 BIM5D 手机端运用，责任管理人员和班组将会通过手机端相互配合，从问题的发现到跟踪整改完成形成完整记录。

（4）BIM 例会：通过引入 BIM 驾驶舱功能辅助 BIM 项目例会，对现场质量安全问题形成高效率解决方案并提高沟通效率。见图 5-19。

图 5-19　BIM 项目例会

（5）质量安全问题数据分析：运用 BIM 处理数据的功能针对现场问题输出结果分析图表，并根据分析结果对相应劳务分包下达整改通知书，以对后期施工质量及安全管控制订更为有效的管理方针。见图 5-20。

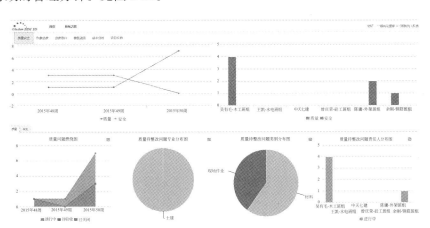

图 5-20　质量安全问题数据分析

5.2.7　三维扫描与放样机器人技术

三维扫描技术可以采集现场真实点云数据，并通过配套软件对数据进行处理，可以高效率提供工程现场质量问题解决方案，数据存储性强，指导性更强。机器人测量放样系统比传统的全站仪测量放样具有取点方便准确、自动化程度高、适用范围广、操作简单、测量放样效率高等优点。通过万科云二期项目施工中的应用，总结了二期三维扫描、放样机器人技术应用特点，可供今后类似工程施工借鉴。

1. 应用特点

（1）三维扫描仪：与传统的实测实量相比，三维扫描采集到的数据更加全面、精确，点云数据可形成三维可视化效果；三维扫描检测效率高，数据精确；数据可传输、存储，可以结合 Revit 模型，形成成品与模型的对比，修正后期施工模型，指导施工；操作简单，对人员依赖性弱。

（2）放样机器人：能对接 Revit、Sketchup 和 CAD 等图形软件，点位坐标智能获得，避免人工计算，操作简单；效率高，不易出错，可大大提高工作效率；提高放线准确度，精确到毫米，减少过程投点质量问题，降低测量及技术人员劳动强度，可迅速推进工程进展。

2. 三维扫描仪实施步骤

用天宝的 RealWorks 软件对 Revit 模型和点云数据进行对比，对扫描结果采用色谱图进行显示，充分反映现场施工质量与模型的契合度。万科云项目二期标准层对楼板、天花平整度、墙柱垂直度、尺寸偏差、方正度以及楼层净高等进行偏差扫描。见图 5-21～图 5-30。

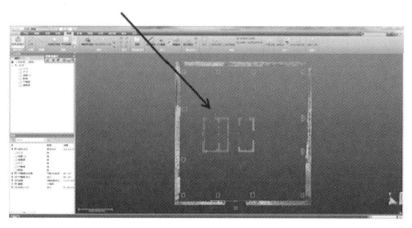

图 5-21　垂直度处理——选取了核心筒的四面墙

图 5-22　垂直度处理——扫描墙体数据并处理

具体实施步骤：

（1）扫描准备：扫描仪器的调平、设置各扫描点衔接定位球，万科云项目二期标准层每个扫描站点设置 3 个点位球，便于数据处理过程中的衔接和精确定位。

（2）现场扫描：根据现场扫描设计的路线，划分多个设计点，当设置完成后，扫描自动旋转 360°，在扫描的过程中，避免人员或其他杂物对扫描仪造成的干扰，依次完成所有的扫描工作。建筑面积 2000m²，需要设置 8 个扫描点，扫描时间总共约 60min。

图 5-23　垂直度处理——墙体垂直度数据分析结果

图 5-24　墙柱平整度处理——选取四面墙做平整度分析

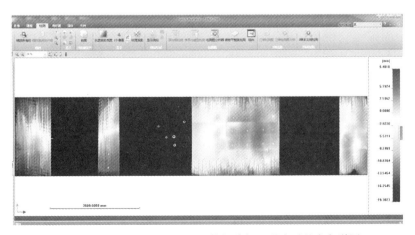

图 5-25　墙柱平整度处理——数据分析，形成平整度色谱图

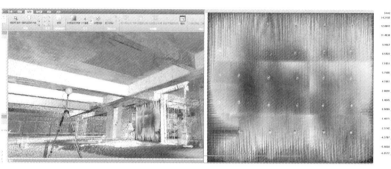

图 5-26 墙柱平整度处理——色谱比对

注：选取了最大的一面做单独的平整度分析，并进行色谱比对，找出控制点。

图 5-27 天花板平整度数据处理——选取截取所需测量的天花板平面

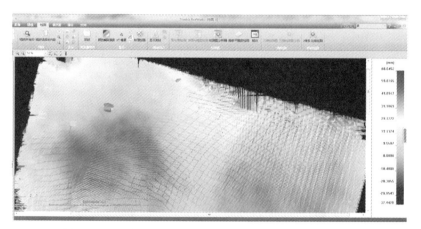

图 5-28 天花板平整度数据处理——天花板平整度色谱图

注：天花板的平整度色谱图的局部截图，偏红色的位置显示的是高出 BIM 模型
平面测量值；偏蓝色的位置显示的是低于 BIM 模型平面的测量值。

图 5-29 地面平整度数据处理——地面平整度分析

注：截取扫描地面平整度分析使用的地面位置。

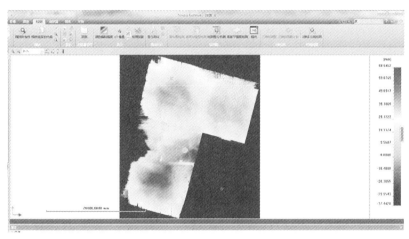

图 5-30 地面平整度数据处理——地面平整度色谱图

注：平整度分析使用的地面平整度色谱图。

（3）数据处理：对扫描仪收集完成的数据使用配套软件进行处理。主要通过色谱图比对来说明现场工程质量的情况。现在就天花平整度、墙柱垂直度、尺寸偏差进行数据分析说明。

3. 放样机器人实施步骤

在计算机中安装 Point Creator 软件→打开图形软件，使用 Point Creator 在图形中选取需要坐标的点，生成点列表→将点列表和 CAD 图纸或 3D 模型导入手部→现场在机器人测量放样系统的指导下实际放样。使用机器人现场放样，结合 BIM 机电模型，放样机器人可大大提高机电放样的工作效率及精度。

实施过程：

（1）现场准备：进行放样机器的整平，放置楼层标志靶，进行数据的定位，完成测量操作工作。

（2）从 BIM 模型中获取现场控制点坐标和建筑物结构点坐标分量作为 BIM 模型复合

对比依据，从 BIM 模型中创建放样点。数据传输导入到测量机器人的手部中，进行数据的调整和显示。

（3）放样：BIM 放样机器人通过发射红外激光自动照准现实点位，将 BIM 模型精确地反映到施工现场，现场人员将施工点确认定位点。

（4）设计与现场施工的联系，保证施工精度，提高效率。相比传统放样方法，BIM 放样机器人范围更广，每一个标准层都能实现 300～500 个点的精确放样，并且所有点的精度都控制在 3mm 以内，超越了传统施工精度。同时，BIM 放样机器人可操作性比较强，技术门槛比较低，人员投入也相对简单，单人一天即可完成 300 个放样点的精确定位，效率达到传统方法的 6～7 倍，精度更有保障。

具体步骤：

第一步，在 BIM 模型中选取放样点数据，见图 5-31。

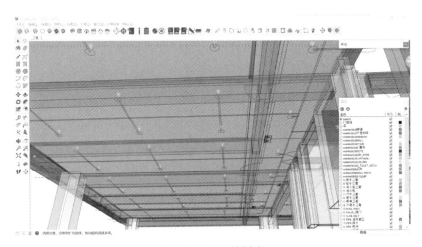

图 5-31　选取放样点

第二步，将点数据导入到 BIM 放样机器人的手部控制器中，数据在 Sketchup 模型中、手部控制器中的显示，见图 5-32。

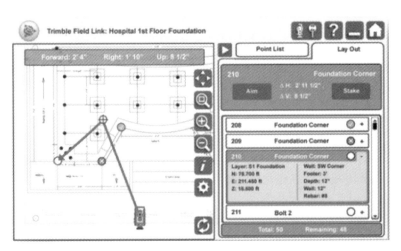

图 5-32　导入数据

第三步，放样数据点列表见图 5-33。

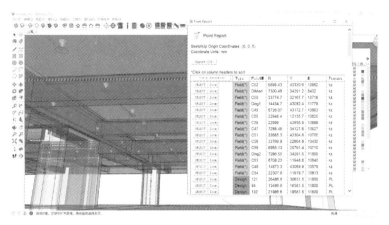

图 5-33 数据列表

第四步，运用手部，现场高效数据放样，见图 5-34。

图 5-34 现场放样

万科云二期项目，采用 BIM 技术与三维扫描技术、机器人放样技术的融合，改变传统施工的质量控制分析、测量放样的习惯，自动化程度高、准确度高，适用范围广、人员操作简单，降低了对人员本身的依赖性，提高了工程本身施工的质量。是今后工程施工发展的趋势，尤其对工期紧、测点多、测量放样精度要求高、工程质量要求高以及缺乏已建工程图纸资料的项目具有推广应用的价值。

5.2.8 商务管理 BIM 应用

在施工现场的商务工作中运用 BIM 技术，即在建立基于 BIM 技术的项目部成本管控体系，确定基于 BIM 技术的经营核算管理办法、成本管控对象、成本管控工作流程图与网络图。运用 BIM 技术，从商务管理手段、管理制度、管理理念三个层次来改变现有的粗放型管理。

由于现阶段项目部管理人员和工作人员的技术水平较低，对新技能较难接受，因此 BIM 技术在商务板块的应用推行十分艰难。但是在现有的 BIM 技术下已经能够做到很多有实际意义的工作，对现在的商务管理工作大有帮助，加之万科云项目部的极力配合，我们在其项目上把理论上可行有用的商务应用点都在尝试着推行，具体内容如下：

1. 合同管理

在 5D 软件中有合同管理板块，可以把分包商的合同与模型挂接，后期可以根据工程进度把各分包商的工作量进行归类。传统的合同管理仅仅是纸质档和电子扫描档存在仓库里面，要搜寻项目全套资料非常麻烦，而且没有分包商的阶段性进度款说明。BIM 技术就是用模型记录与项目有关的全部资料，任意时间都可以方便查询。见图 5-35。

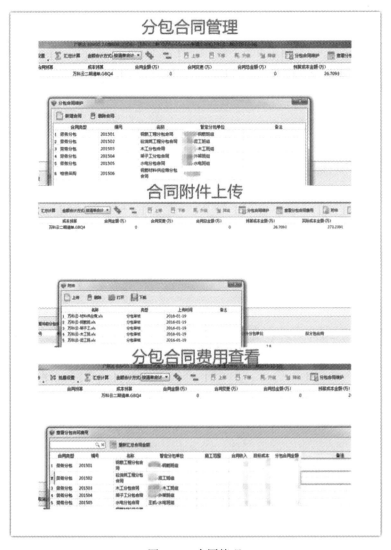

图 5-35　合同管理

纸质合同进行电子存储管理，保证了合同的永久性和快捷查看性。同时，合同和相关分包单位都与三维模型挂接，使得在查看模型的同时就可查看分包单位信息，为后期的质量安全管控提供明确的负责人，也为合同费用的管理提供了更为简单直观的方法。

2. 限额领料

项目部管理人员或劳务分包人员向仓库领取材料时，需要填写材料使用申请表，明确材料使用部位（楼栋、楼层、轴线区域、构件类型），然后仓管人员在 BIM5D 软件中提取相应模型的物资量，如果超过模型量需要说明原因。待工序完工，仓库管理人员反馈实际用量给 BIM 商务人员，BIM 商务人员即可对实际用量和计划用量进行对比，与技术科、施工科一起沟通分析量差来源，追溯每一项工程量产生误差的原因，并及时处理问题。

通过 BIM 技术，避免工程量"错、漏、跑、丢"，杜绝了以往工程量不知去向的问题，亦可对项目经理预警，重点问题重点处理。在核量过程中建立公司内部的企业定额库，并形成可复制的材料管控模式以推广到其他项目，进一步完善企业定额库，为后期的招投标工作与项目管理工作奠定基础。

划用量与实际用量进行对比，即可分析得到损耗率，通过时间及实践的积累，多个损耗率系数进行综合，即可得到更精确的损耗率系数，更大地方便了管理人员对现场材料用量的控制，并将合理的损耗率写入今后的劳务合同，成为劳务班组评价体系的重要指标。

除此以外，项目部管理人员在施工全过程通过模型预算量与实际用量进行对比分析，能够实时反应各岗位各班组的工作情况，如若钢筋废料量超过预估比率、浇捣混凝土量超过预估，均需要反查原因，避免二次失误，即可用数据监督各岗位工作情况，又可以降低项目成本。

3. 工效管理

在签订劳务分包合同之前，填写预估的各工种的施工工效作为实际工效，可预估相应工种所需工日，为分包价格提供参考；在施工过程中，不定期提取某时间段某班组所需工效表，然后导出表格交由现场施工员填写实际工效，并对结果分析，可以反查班组工作情况，如有问题及时发现，及时整改，为保证工程进度提供保障。见图 5-36。

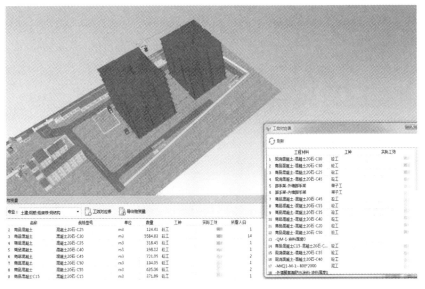

图 5-36　工效管理

对于项目部管理人员来讲，便于合理安排人员，并督促班组工作；对于公司而言，可为建立企业定额库收集数据。目前工程分包大多为劳务分包，测算出项目的实际人工功效就可以更准确的管理分包，也便于降低项目成本，并对成本构成因素进行精细化管理。

4. 变更管理

当变更出现的时候，一方面要修改模型，保证模型始终与实际一致；另一方面，把变更内容分类录入 5D 软件，并与变更的模型进行挂接。当结算对量的时候，不会遗漏变更内容，也易于查找变更依据，避免不必要的扯皮。在软件中，把变更产生的价款变化录入到合同外收入，并归总到相应进度，便于项目部向甲方申报进度款，使得项目成本能够更加精确的动态显示。

把纸质版的变更进行电子存储管理，可以永久查看，对于变更产生的费用记录在合同外收入里，使得变更费用申请有理有据，便于该阶段申报进度款和最后的竣工结算。

5. 报采购计划

BIM5D 软件中模型挂接了施工进度计划与清单，而且软件配置了许多内置表格，可以根据进度、流水分区、楼层、构件、材料类型等多条件进行筛选所需物资量。采购部门在进行采购前可以导出需要的物资表，作为采购量的参考数据。后期，收集真实的需求量，把两个量进行分析，得出项目经验数据，并在之后的工作中不断修正以得到具有推广意义的数据。

项目部整体把控材料采购计划，根据项目情况自定义材料量提取条件，便可快捷精准的形成物资采购计划表，这有别于班组管控里面的用料管理。导出的表格可对进行二次开发利用，使得更加符合不同项目、不同阶段的使用需求。

6. 资源计划提取

如果项目管理人员要预测工程中主要材料的使用情况，就需要有相应的统计图表进行说明。此时，BIM 人员就可以在软件中根据需求进行模型提取，然后产生相应的物资统计曲线和表格，便于向领导展示，可提前统筹安排物资总体采购计划，避免因某些材料采购不及时引起的工期延误，也可避免采购过多引起存储问题和资金浪费。

根据不同展示需求，使用不同的资源用量统计方法，并且，计划与实际可以通过图文直观对比，使得问题易被发现，易用数据度量，为后期资源采购和使用计划制定提供参考依据。传统物资统计较为繁琐，需要在 Excel 表格中进行归类整理，而且无法与模型对应，无法判断材料应用部位；无法与进度计划匹配，无法判断材料需求时间。见图 5-37。

7. 资金使用计划提取

与资源使用计划提取工作内容一致，因为模型是具有时间和成本维度，所以提取模型后，相应的资源曲线和资金曲线都同时得到，只是针对不同的用途把这两个曲线分开说明。因为建设项目对资源和资金的需求都较大，提前了解项目全过程的资金曲线，就能够提前安排项目的资金动向，避免资金链出现问题，有利于降低项目资金风险。

据计划进度和实际进度产生对应的资金曲线，可以自定义统计时间段，显示出资金的累计或当前值，并且有对应模型形象展示资金使用情况。使得可以提前预估资金使用量，也可直观显示因进度差异导致的资金使用差异，为合理筹备资金和监管资金使用情况，提

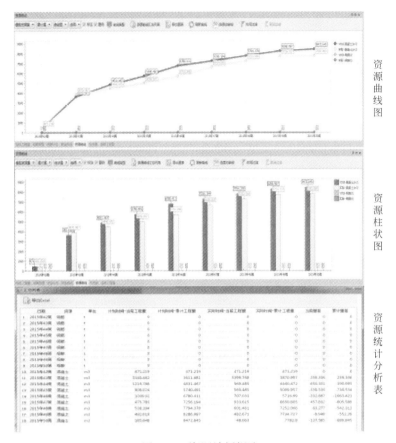

图 5-37　资源计划提取

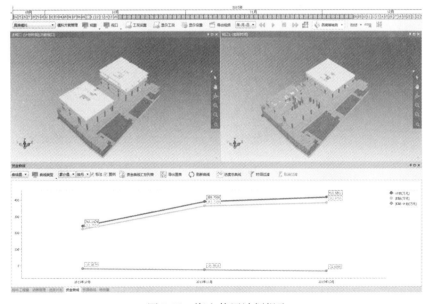

图 5-38　资金使用计划提取

供了参考。见图 5-38。

8. 进度款申报

每次跟甲方申报进度款的时候，可以通过 BIM5D 进度款保量功能，根据施工进度自动生成进度申报的表格。导出后根据项目情况进行调整，用以向甲方申报进度款。

传统的进度申报需要预算员在算量软件中再次分割模型或者手工统计，难度系数较大且无法在后期做对比分析，也没用办法有工程进度说明。当采用 BIM 技术进行该项工作时，可形象地向甲方说明工程形象进度与相应的进度款项，做到有据可依。不仅能提高工作效率，还能把申报表格保存在模型数据库中，便于后期查询。

9. 三算对比

所谓三算对比，即合同成本、目标成本、实际成本三者之间的对比分析。合同成本数据采取合同价和定额消耗量为依据。项目开工前，成本数据参照以往类似工程数据为依据，随着进度进展，实际消耗量与定额消耗量、计划消耗量会有量差，商务人员及时统计，将实际成本录入，实时形成三算对比，从而动态的维护成本信息，并能大大提高数据的真实性，时效性。

比如（图 5-39），B1-1＃栋地下 2 层楼地面 A1 区卷材防水（二级），合同用量为 236.75m²，合同成本为 26042.5 元；计划用量为 295.33m²，计划成本为 20082.44 元；实际用量为 301.25m²，实际成本为 20485 元。三者之间存在着量差价差，三者的对比，使项目经理清楚的可以看见项目的实际盈亏点，也可对项目的整个经济成本进行阶段性控制、纠偏。

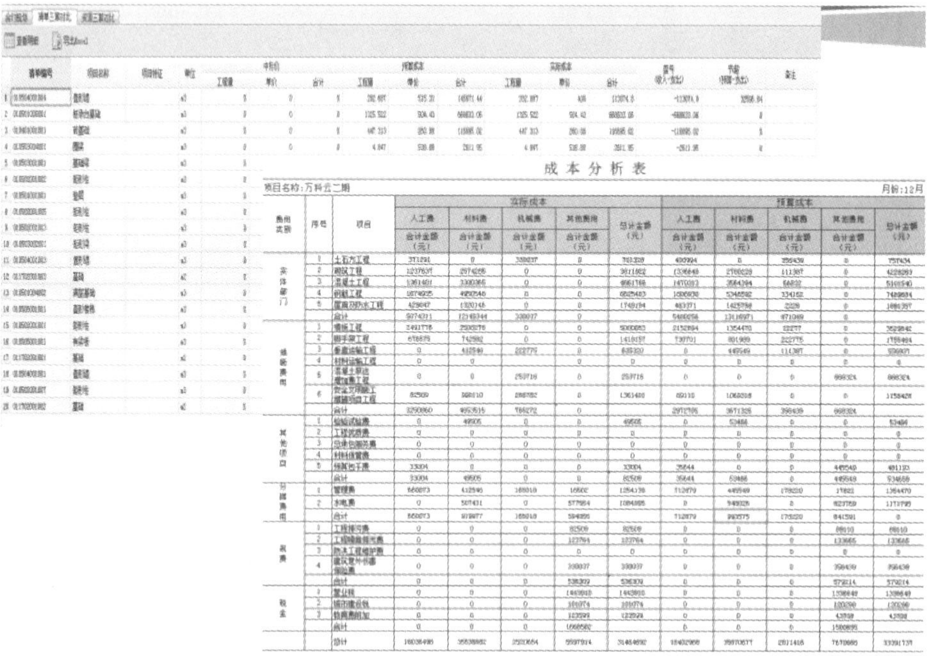

图 5-39　三算对比

根据清单编制规则和自定义工程量提取规则，产生中标价、预算成本、实际成本三算对比的表格，由于实际的成本测算方法与清单规则有差异，因此需要把表格导出 excel 进行二次开发，形成可实际使用的成本分析表，由传统的项目完结后进行成本分析转变为在施工过程中实时分析，可以预估下一步工作的盈亏，提前采取措施，实习真正意义上的成本管控。

5.3　应用效果

5.3.1　工程效益

项目在全周期都展开了 BIM 应用，由于各种因素的影响，BIM 应用点在项目部的落地情况也略有差异。但是从整体来说，BIM 体系给本工程无论是在技术管理、过程管控还是成本管控方面都产生了一定的影响。

1. 技术层面

三维场地布置突破了以往的工作模式，充分考虑了场地受限条件，按照二维规划、三维快速建模、方案讨论调整再到三维精细建模的工作步骤，确保了现场临时设施搭建的合理性。

施工模拟为项目部提供了可视化的交流方式，对沟通效率的提高非常显著。以往，项目部会通过频繁的进度例会进行进度控制以及生产方案的调整探讨。由于缺乏有效的沟通辅助措施，工作效率是比较低的。用施工模拟及时反映实际进度与计划进度的对比，加快进度例会的节奏，使会议效率得到明显提升。进度例会的召开频率下降到半月一次，节省沟通时间 50%。

利用 BIM 模型进行技术交底，相对以往的交底方式，不仅使交底过程可视化，还通过对模型进行标注、不同视角旋转观察、突出显示复杂节点等操作使交底工作更为深入和全面，并且在施工工艺方面的展示更加符合规范要求。在交底工作效率提高的同时，工程技术人员的工作方式也在发生变化。

在三维模型上进行模板设计，可以进行全局考虑，使得计算更精准，克服传统只计算某构件模板引起的废料增加问题；以模型为基础，减少因个人考虑不周全、识图问题、经验问题等导致的配模误差，同时，保证信息的存储性，使得当出现问题时有数据可供查询。

利用 BIM 体系在质量安全方面的管控是贯穿本工程项目建造全周期的一个应用点，本应用点运用 BIM 技术进行质量安全管控是项目精细化管理的第一步，结合 BIM 技术的精细化管理，提高工程项目的产品质量和保障建造过程的顺利进行，最终形成项目级别的基于 BIM 技术的质量安全管控办法；在质量管理方面，减少返工以及质量整改的人力物力，促进项目节约成本，提高工效。

2. 商务应用层面

结合 BIM 技术对合同、材料采购、材料领用、人工功效以及资源资金管理等都展开了应用。

在建筑行业竞争愈演愈烈的今天，运用 BIM 技术优化项目管理，进行成本预测、管控与分析成立必然选择，而用 BIM 技术进行材料管控是至关重要的一步。从材料管控入手，探索出适于我们公司管理体制下的项目部级别和公司级别的基于 BIM 的成本管理方法，可以帮助公司在当前行业竞争中站稳脚跟，为公司在今后的发展过程中提供强有力的经济支撑。

5.3.2 行业效益

万科云二期项目对于 BIM 的应用是在当前行业发展趋势下的一次具有实际意义的探索，也是民营施工企业工程总承包模式与 BIM 技术及商务管理融合性的实践。本项目作为中天建设集团区域公司标杆项目，成功举办四百余人次的 BIM 参观交流活动，并陆陆续续迎来十多个业内企业的参观交流活动，对于 BIM 各个应用点的探索经验进行了深入的分享。

5.4 应用创新点

（1）应用点制定前深入项目现场蹲点，与相关人员商讨应用是否切合实际，根据项目部具体要求定制实施计划。

（2）BIM 应用点是根据施工流程编制，针对应用方式和时间段具体说明，使得 BIM 应用更好落地。

（3）本项目模型由设计院→施工单位→建设单位→运维单位，保证了信息的一致性。

（4）在使用过程中涉及多款软件，根据所需功能选择，并不局限于某一个，也不局限软件本身，根据软件提供的资源进行二次开发，以符合实际需求。

（5）把项目部工作和中天七建公司层面的相关工作结合起来，从技术到管理均围绕 BIM 开展，使得 BIM 理念深入各个层面，也实现了标准化统一管理，为全公司推广 BIM 奠定基础。

5.5 BIM 应用心得

（1）软件之间的交互使用很重要：现阶段 BIM 的运用需要多方面、多个软件的配合使用才可以实现，我们应用人员除了熟知每个软件的优点缺点，还要了解不同软件之间交互使用的窍门，时常思考怎样才能高效运用各种软件去更好地完成每一个应用点的实施。

（2）推行 BIM 不能只停留在机关层面：现场的施工及管理才是真正的 BIM 应用点使用者，我们确定项目部到底要用哪些应用点要基于对现场的充分了解，比如施工工艺、管理模式等，这样才能发挥 BIM 在项目部的实用之处。

（3）有必要形成实施标准化：实施制度对于项目部的 BIM 应用具有监督作用，由于我们的 BIM 实施工作刚刚开展，有些项目人员虽然感兴趣，但主动性不太强，因此要由制度来监管。

5.6 小结

BIM 软件间难以互相转换，由于软件的局限性难以完全达到资源共享，因此，在项目运营阶段 BIM 技术并未得到充分应用，使得运营阶段在建设项目的全寿命周期内处于"孤立"状态。然而，在建设项目全寿命周期管理中理应以运营为导向实现建设项目价值最大化。就某一个阶段 BIM 技术而言，应用价值也未达到充分的实现。如何统筹管理，实现 BIM 在各阶段、各专业间的协同应用，BIM 应用中的一个重点和难点。

BIM 将成下一代主流技术，但推广应用大环境尚不成熟。现有的建筑行业体制不统一，缺乏较完善的 BIM 应用标准，平台的完善度和市场的认知，因此难以规模化有效运用。

BIM 理念贯穿项目全生命期，但各阶段缺乏有效管理集成。BIM 给设计师带来可视化技术，但这只是 BIM 的一个层面。BIM 的精髓在于将信息贯穿项目的整个生命期，对项目的建造以及后期运营管理集成意义重大。在建设工程项目信息系统中，BIM 具有集成管理和全生命周期管理的优势。但是，目前项目部 BIM 的应用依赖于个别业主和项目经理的特殊需求，充分发挥 BIM 信息全生命周期集成优势，实现 BIM 深层次的应用，还需要做很多工作。

第6章　广州白云国际机场T2航站楼BIM施工应用

6.1　工程概况

广州白云国际机场T2航站楼扩建工程项目采用了施工总承包管理模式，整个扩建工程包含航站楼、交通中心、南高架桥和飞行区等多个项目，分属不同的施工总承包单位管理；如航站楼的施工总承包单位为广东省建筑工程集团有限公司，交通中心的施工总承包单位为中国建筑第八工程局有限公司，南高架桥的施工总承包单位则为广东省建筑工程机械施工有限公司。见图6-1和图6-2。

图6-1　白云机场整体效果图（含T1和T2）

航站楼项目建设和管理不仅包含T2航站楼，还有在其地下穿过的地铁和城轨，本文主要介绍BIM技术在T2航站楼建设和管理中的应用。

T2航站楼为超大型公用建筑，局部地下1层地上4层，建设以能满足2020年旅客吞吐量4500万人次的使用需求为目标。工程用地总面积1224919m²，总建筑面积680841.92m²，其中地上建筑面积634274.42m²，地下建筑面积46567.50m²；建筑基底面积246567.35m²；建筑高度约43.50m，设计使用年限50年，主体结构采用大跨度的钢筋混凝土框架结构，主楼及指廊屋顶采用大跨度网架结构。

白云机场项目在工程管理中广泛采用BIM技术，在建筑性能模拟分析与绿色优化、管线碰撞检查及设计优化、进度管理与控制、施工总平面的动态管理、可视化技术交底、关键及特殊工序优化及模拟交底、工序交叉施工模拟、BIM模型及应用软件的创新等多个方面取得了显著的成效，提高了项目管理的水平。见图6-3。

图 6-2 T2 航站楼和交通中心整体效果图

本工程在 2015 年中国建筑业协会举办的"中国建设工程 BIM 大赛"中获得卓越工程项目一等奖。

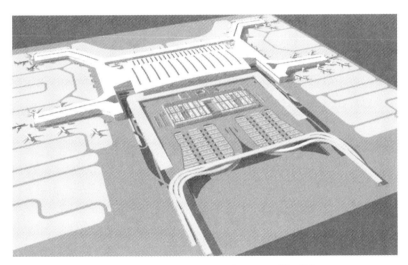

图 6-3 T2 航站楼和交通中心 BIM 模型图

6.2 BIM 应用

6.2.1 关键及特殊工序优化及模拟交底

1. 超厚地坪空心板

现浇混凝土空心楼盖，广泛适用于大跨度、大空间、大荷载的建筑，其采用轻质填充体为内模，永久填埋于现浇混凝土楼板中，置换部分混凝土以达到减轻结构自重的目的，该技术对节能减材、提高经济效益有着明显的效果。

与普通梁板结构相比较，空心楼盖有保温隔声效果好，节能环保；减少材料量，节省材料，降低综合造价；减轻结构自重等优势。

本工程的空心板与其他工程区别在于：空心板放置于首层地坪，且属于超厚（厚度700mm 和 1200mm）。由于空心板地坪尤其是超厚地坪施工时存在梁柱节点施工复杂、抗浮措施困难、混凝土浇筑时空心内模易移位等问题，施工流程和工艺与常规的做法有很大不同。

针对以上技术难题，组织技术攻关，利用 BIM 技术的施工模拟等功能的辅助，重新设计施工的流程和工艺，进行反应的论证和修改，确定最后的方案。考虑到现场工人没有类似的施工经验，传统的施工技术交底生涩不直观，交底效率低等因素，对施工管理人员进行了 BIM 可视化的技术交底。

（1）具体施工工艺

1）工艺流程

弹钢筋和箱模安放位置线→绑扎楼板底钢筋和肋梁→铺设预埋管线及预留套管→底筋隐蔽验收→第一次浇筑混凝土→安装空心箱模→绑扎楼板上部钢筋→搭设施工便道、架设混凝土输送管→隐蔽验收→第二次混凝土浇筑→养护、拆模。

2）施工准备

楼板模板支完并通过预检验收，框架结构的框架梁钢筋等已绑扎完成。

3）弹钢筋和箱模安放位置线

按照设计排箱图要求，在楼板模板上放线，保证后续肋梁钢筋绑扎和箱模安装的位置准确。依据轴线，放出纵横向肋梁控制线，肋梁间即是安放箱模位置。第二次放线是在内膜箱体安装完毕后，在空心箱体上放线可采用白涂料等代替墨汁，以保证所放线的清晰牢固。

4）绑扎楼板底筋和肋梁

根据模板上的定位线，依次绑扎底筋和箱模肋梁钢筋。先绑扎一个方向的肋梁钢筋，再将另外一个方向的肋梁钢筋穿插与之固定，同时穿插楼板底筋并与肋梁底筋牢固，接着逐个套入肋梁钢筋，绑扎牢固。见图 6-4。

图 6-4　绑扎肋梁和下部钢筋

5）铺设预埋管线及预留套管

楼板内的各专业预埋管线等，应尽量沿着肋梁并布置在肋梁截面内，避开箱模位置；外径 15mm 以下的小直径管线也可铺设在箱模下部，但不超过一层，不得在箱模下交叉，以免垫高箱模。见图 6-5。

图 6-5　埋设管线

6）安装空心箱模下部垫块

内模成品已设置了支撑钢筋，则可不设置垫块。

7）安装空心箱模

空心箱模的吊运可采用焊接好的敞口钢筋笼或其他箱式工具，钢筋笼内侧四边和底面用多层板封闭。按照布箱图，在每个肋梁空格内依次摆放，放置平整，前后左右对齐、对正。对局部管线密集、管径大的部位，不能放置厚的箱模时，可换用其他规格的箱模。箱模安放后，应注意成品保护，避免人员频繁踩踏、破坏。破损的箱模，应在绑扎上部钢筋时及时更换。见图 6-6。

图 6-6　安装空心箱模

8）绑扎楼板上部钢筋

空心箱模安放完成后，即可开始绑扎楼板上部钢筋。此时，肋梁上部钢筋已绑扎完成，只剩下肋梁中间的楼板上部钢筋。楼板上部钢筋应与肋梁上部钢筋位于同一层，并与肋梁钢筋绑扎牢固。为保证抗浮点有效，楼板上部钢筋要压在肋梁上部钢筋下，否则应单独设置上部钢筋抗浮点与下层钢筋抗浮点对应连接。见图 6-7（a）、（b）。

楼板上部钢筋绑扎完毕后，在每个空心箱模顶和楼板上部钢筋之间加设垫块，压住箱模，并保证箱模上部混凝土厚度。如果成品内模已设置隔离筋，则可不用再增加垫块。见图 6-7（c）、（d）。

(a) 上部钢筋穿密梁

(b) 铁丝绑扎

(c) 加上部钢筋垫块

(d) 绑扎完的现浇空心楼盖照片

图 6-7　绑扎楼板上部钢筋

在每个内模四角，用直径为 6mm 的 HPB300 拉筋将空心板的面筋与肋梁底筋拉结，确保内模不移位。见图 6-8。

9）搭设施工便道、架设混凝土输送管

箱模本身有一定的强度，但频繁踩踏也容易造成损坏，尤其加完顶部垫块后，受力集中，易损坏。施工中，应用脚手板搭设架空施工便道，方便施工操作人员操作、通行，并保护箱模和楼板钢筋成品。

混凝土输送泵管不应直接架在楼板钢筋上，可搭设短管架子或垫木方等将泵管架高，布料杆等安放位置应提前安排好，布料杆应用脚手板和架子架高，不得直接压在箱模上。

施工机具等不得放置在空心箱模上，施工操作人员不得踩踏空心箱模。

10）隐蔽验收

钢筋绑扎、箱模安装等工序完成后，组织相关人员进行三检和隐蔽检查验收，验收合

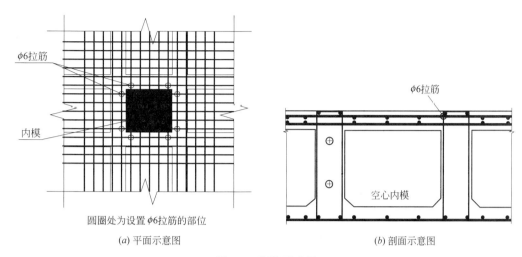

(a) 平面示意图　　　　　　　　　　　　　(b) 剖面示意图

图 6-8　钢筋示意图

格后，进入混凝土浇筑工序。

11）混凝土浇筑

现浇混凝土空心楼盖结构浇筑用混凝土，混凝土骨料碎石粒径宜为 16～20mm，不应超过 25mm，宜选用瓜米石做骨料，混凝土拌合物的坍落度不宜小于 150mm。

在混凝土浇筑前，既要将模板浇水湿透，又要防止浇水过多，造成模板表面积水。在混凝土浇筑后，除混凝土表面的养护外，还应对底模进行喷水养护，底模须湿透，令板底混凝土得到有效的降温养护，养护期间必须做好底模的保湿工作。

混凝土浇筑宜采用泵送。浇筑沿楼板跨度方向从一侧开始，顺序依次进行，布料尽量均匀，避免砼在同一位置堆积过高损坏箱模。空心板区域分两次浇筑，第一次浇筑至 1200 板、700 板内模底下，其中两板交界处的肋梁需浇筑至与 700 板内模底下齐平；浇筑前，两板交界的肋梁应用收口网或模板封好；第一次浇筑的混凝土包括承台、地梁、以及空心板内模底下部分；其他部分为第二次浇筑。对于承台，当分次浇筑时应预留 $\phi10@400 \times 400$ 的插筋，插筋长度为 500mm。见图 6-9。

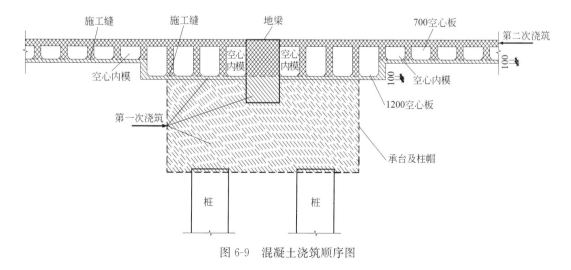

图 6-9　混凝土浇筑顺序图

振捣棒沿肋梁位置顺浇筑方向依次振捣，比实心楼盖应适当加大振捣时间和振捣点数量，振捣同时观察空心箱模四周，直至不再有气泡冒出，表示箱模底部混凝土已密实；振捣棒应避免直接触碰空心箱模。振捣时振捣器应避免触碰内模、钢筋、定位马凳。混凝土振捣时应采用 50 及 30 棒配合使用，对较小的肋梁及板底应采用 30 棒振捣，面层混凝土可采用平板振动器振捣。振捣时间应较普通楼板适当延长，确保混凝土密实。见图 6-10 和图 6-11。

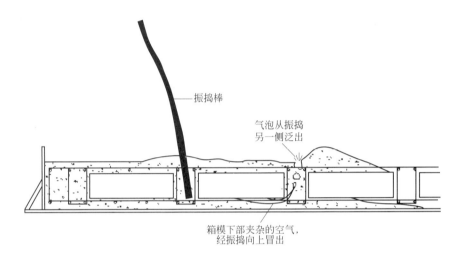

图 6-10　浇筑示意图

(a) 浇筑混凝土　　　　　　　　　　　*(b)* 浇筑完成的空心楼盖

图 6-11　混凝土浇筑过程

浇筑过程中如遇空心箱模损坏，必须及时处理。可用尼龙编织袋等轻质物品塞入损坏处封堵严密，注意不要使后塞物品露出箱模表面，造成混凝土夹渣。

（2）施工流程模拟图（图 6-12）

2. 双梁钢管柱节点

在钢管柱节点临施工前，设计正式的节点大样并未确定，设计只是将先期大样先提供给施工单位确认。由于该节点钢筋众多，施工复杂，一旦确认，到时无法施工则会造成大量的材料和金钱浪费；同时该节点涉及土建单位和钢管柱单位的施工配合和工序穿插，原

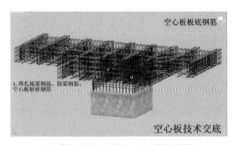

(a) 绑扎地梁、肋梁、空心板底钢筋

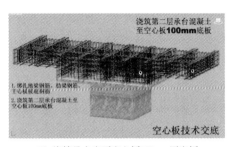

(b) 浇筑承台底至空心板100mm厚底板

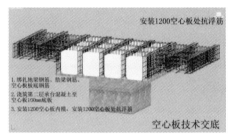

(c) 安装1200空心内膜及抗浮钢筋

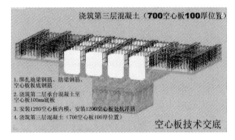

(d) 浇筑700mm厚空心板底100mm厚混凝土

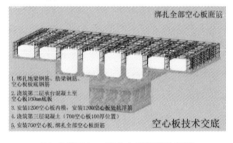

(e) 安装700mm后空心板及绑扎面筋

(f) 浇筑最上层混凝土

图 6-12　施工流程模拟

工期已经是非常紧张，若出错修改，则会造成整体工期的延误。

图 6-13 为设计提供的 CAD 二维节点施工图，从图中可看出，由于双梁钢管柱和混凝土梁的节点连接处受力大，配筋大，钢筋众多，且本身该类型的连接节点就不易施工。同时在二维平面图中，无法清晰地看到钢筋和钢管柱环梁、肋板等处的立体空间的连接，有问题不易发现。

为确保正式施工无差错，我们利用 BIM 技术对先期的节点大样进行建模，然后在例会上直接浏览 BIM 模型讨论修改，发现钢筋无法穿过节点肋板、节点不易施工等问题，将出现的问题反馈回设计院修改，历经多次协调修改才确定最终的版本。见图 6-14。

3. 外脚手架

对外脚手架、高大支模等危险性较大的作业项目，利用 BIM 技术建立三维模型，用于对一线施工管理人员和作业班主的安全技术交底。传统的纸质施工交底方式与 BIM 三维可视化技术交底的对比如表 6-1 所示。

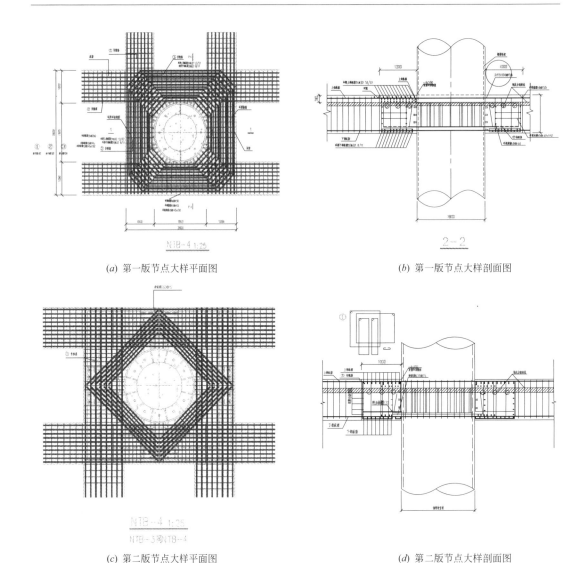

(*a*) 第一版节点大样平面图   (*b*) 第一版节点大样剖面图

(*c*) 第二版节点大样平面图   (*d*) 第二版节点大样剖面图

图 6-13 节点大样平面图

施工交底对比   表 6-1

传统纸质交底	BIM 三维可视化交底
仅以纸质材料为媒介；生涩、枯燥、不直观	实体三维模型；直观易懂、内容丰富
较大受限于被交底人自身的知识、经验和能力，对技术交底的理解和实施效果波动较大	对被交底人的专业要求较低，便于理解和实施

由表 6-1 可知，BIM 工作方式可提高交底的效率和准确性；减少工人盲目施工所造成的返工和材料浪费，达到绿色施工的效果。

本工程采用落地式双排扣件式钢管脚手架作为外脚手架。工程建筑面积大，工程专业较多，施工队伍庞大，工序交接紧密。外立面形状变化较大，各层平面变化较大，脚手架不能一次搭设完毕，需要分段搭设，分别搭设在混凝土地面和三层板面。外脚手架在不同区域，高度分别为 23.5m（首层到五层），12.5m（首层到三层），12m（三层到五层），

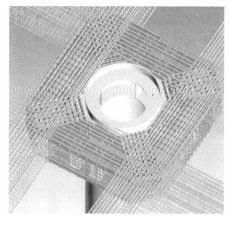

(a) 第一版节点大样模型

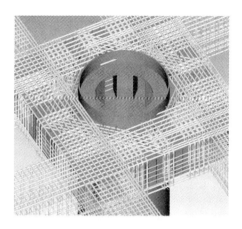

(b) 第二版节点大样模型

(c) 钢筋无法穿过肋板图1

(d) 钢筋无法穿过肋板图2

图 6-14　节点大样

全部采用落地式扣件脚手架搭设。

（1）搭设构造要求

1）脚手架基础：地面和三层楼板。其中地面硬底化，浇筑不小于 100mm 厚的 C15 混凝土；三层楼板为结构层，厚 130mm 的 C35 混凝土楼板。立杆垫板或底座底面标高宜高于自然地坪 50~100mm；垫板采用长度不小于 2 跨、厚度不下于 50mm、宽度不小于 200mm 的木垫板。

2）立杆：立杆纵距为 1.50m，横距为 0.80m，步距为 1.8m，顶部立杆高出作业面不小于 1.2m，内立杆离建筑边线距离为 250mm。

3）大横杆：大横杆间距 1800mm 通长设置。

4）脚手架平桥：施工层满铺平桥钢筋网片，每个平桥中间加一条纵杆，两条横杆。

5）剪刀撑：从第一道横杆沿脚手架高度连续设置，与地面夹角为 45°~60°。

6）钢管护栏及挡脚板：脚手架步高为 1.8m，平桥之间设置两道水平栏杆，外侧设不小于 180mm 高的挡脚板（刷黄、黑相间油漆）。

7）连墙件设置：连墙件的间距按 2 步 2 跨布设，在边梁（柱）上预埋 ϕ48 钢管、并通过短钢管与外脚手架双扣件连接，上下层错开，花排布置。对于跨度较大且无楼板的部位，应按两步两跨要求设置抛撑（抛撑支撑在下层楼板）。

8）安全网：脚手架外立杆内侧满挂密目式安全网封闭，二层结构面设首层平网，每隔3个步距加设水平安全网，施工层设随层平网。

9）安全挡板：施工电梯口、主要出入口位置搭设双层安全平挡。

10）钢管施工楼梯：在外脚手架旁设置施工楼梯，采取落地式扣件钢管搭设，钢管选用 $\phi48\times3.0$mm。立柱纵距0.75m，横距1.0m，步距1.2m，楼梯平台宽1.5m，踏步高约160mm，宽约280mm，每段共14级。

（2）外脚手架BIM模型图（图6-15）

图6-15 外脚手架BIM模型

4. 高大支模

（1）支顶系统主要材料如下：

1）模板均采用915mm×1830mm×18mm（厚）胶合板；

2）木枋：统一采用50mm×100mm木枋；

3）支撑系统：选用 $\phi48\times3.0$mm 扣件式钢管脚手架及其配件；

4）横杆、纵横向剪刀撑：选用 $\phi48\times3.0$mm 钢管及其配件；

5）垫板：采用脚手架配套可调底座，下垫垫板。

（2）支撑系统设计

1）水平杆：钢管支撑架水平杆步距为1.5m，纵横设置，立杆下部离地面约200mm设扫地杆；扫地杆、水平杆均采用 $\phi48\times3.0$mm 钢管，采用对接接长，用扣件与立杆扣牢。在可调支托底部的立杆顶端应沿纵横向设置一道水平拉杆；在支撑高度为8～20m时，在最顶步距两水平拉杆中间应加设一道水平拉杆。由于高大支模均为局部区域，为保证支架的整体安全稳定，要求支架水平拉杆均伸进普通结构楼板支架水平拉杆拉结不少于2个扣件，并与已浇筑的结构混凝土柱拉结，加强高大支模体系的整体抗倾覆能力。

2）剪刀撑：在架体外侧周边、纵横向每5～8m、主梁底两侧的支架立杆设置剪刀撑，由底至顶连续布置，剪刀撑宽度应为5～8m。在层高为8～20m时，应在剪刀撑之间增加之字撑。剪刀撑杆件的底端应与地面顶紧，其夹角宜为45°～60°。在竖向剪刀撑顶部交点平面应设置连续水平剪刀撑，与立杆的夹角宜为45°～60°。属于危险性较大的高大支模，扫地杆的设置层应设置水平剪刀撑，同时水平剪刀撑至架体底平面距离与水平剪刀撑间距不宜超出8m。即对于9～11.25m高的支模，需要在顶部，中间、扫地杆处设置三道水平剪刀撑，对于其他小于 9m 的支模，需在顶部及扫地杆处各设置一道水平剪刀撑。在区域分界处，在相邻区域未搭设支撑架前，应设置从底到顶的竖直剪刀撑。

3）所有钢管连接均采用配套扣件连接（其中立杆的连接必须采用对接；水平杆应采用对接；剪刀撑的连接采用 2 个扣件搭接，搭接长度不少于 500，扣件离端部距离不小于 100mm）。

4）所有支架顶部支撑采用可调顶托，立杆底托基底采用脚手架配套下托。顶托螺杆不宜超过 300mm，底托螺杆不宜超过 200mm。

5）施工时，立杆间距可根据现场实际情况适当调整（主要目的是便于水平加固钢管的拉结），但均不应大于设计的间隔距离。

6）扣件螺栓拧紧扭力矩不应小于 40N·m，且不应大于 65N·m。

（3）高支模支撑系统 BIM 模型图

考虑到机场的面积太大，选取典型且具有代表性的区域进行建立 BIM 高支模支撑的模型。见图 6-16。

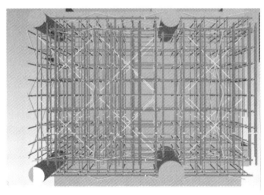

图 6-16　高支模支撑图

6.2.2　工序交叉施工模拟

对于施工工艺复杂、穿插作业多的施工部位，通过工序模拟，对施工过程中合理优化、科学安排提供直观可靠的依据，效果显著。

1. 航站楼与交通中心衔接段

航站楼与交通中心的衔接部位共涉及 4 家施工总承包单位，分别为负责航站楼的广东省建筑集团有限公司、负责交通中心的中国建筑第八工程局有限公司、负责地下管线建设的广东省基础工程集团有限公司和负责南高架桥的广东省建筑工程机械施工有限公司；负责钢网架、屋面、幕墙、机电、张拉膜等施工的 8 家专业分包单位，涉及几十项工序交叉作业。项目工期紧迫，协调内容多，工序复杂，信息量大，用传统的方式难以达到优化协调的效果。见表 6-2 和图 6-17。

工序表 表 6-2

序号	工序名称及主要施工内容	施工单位		前后工序搭接情况及说明	工期(d)
		总包单位	专业分包单位		
1	交通中心凸出段地铁和隧道的施工	中建八局		只有做好凸出段的地铁和隧道，才能进行航站楼中间段的施工	270
2	航站楼土建一标中间区域施工	广东建工		紧前工作为凸出段地铁和隧道的施工，紧后工作为航站楼一标网架结构的施工	70
3	航站楼钢结构一标网架施工	广东建工	上海宝冶	紧前工作为航站楼一标网架结构的施工，网架施工后期上海宝冶需调整劳动力进行搭接连接钢桥的施工	55
4	航站楼幕墙一标幕墙施工	广东建工	沈阳远大	紧前工作为航站楼一标网架结构的施工	20
5	航站楼屋面一标的屋面施工	广东建工	沪宁钢机	紧前工作为航站楼一标网架结构的施工，紧后工作为航站楼幕墙一标幕墙施工	20
6	交通中心西连接管廊北侧的施工	中建八局		该部分与航站楼的管廊相连，需与广东建工沟通协调	90
7	交通中心西连接管廊南侧的施工	中建八局		紧前工作为交通中心西连接管廊北侧的施工；该时间段该处的地下管线、雨水收集管和新建给水管都在施工，上下空间工作面需沟通协调	70
8	交通中心东连接管廊北侧的施工	中建八局		该部分与航站楼的管廊相连，需与广东建工沟通协调	90
9	交通中心东连接管廊北侧的施工	中建八局		紧前工作为交通中心东连接管廊北侧的施工；该时间段该处的地下管线、雨水收集管和新建给水管都在施工，上下空间工作面需沟通协调	50
10	南高架第三联施工	广东机施		广东建工负责协调管理南高架桥	90
11	南高架第七联施工	广东机施		广东建工负责协调管理南高架桥	90
12	南高架第六联施工	广东机施		该项工作与西连接管廊南侧的施工、广东基础负责的地下管线的施工、机电一标负责的雨水收集管施工和给水管施工单位新建给水管都在同一区域，存在工作面的交叉协调	128
13	南高架第五联施工	广东机施		紧前工作为交通中心的施工，紧后工作为桥面张拉膜的施工、连接钢桥钢结构的施工、旅客达到大厅幕墙的施工	138
14	南高架第四联施工	广东机施		紧前工作为交通中心下的城轨北端凸出段的施工	127
15	地下管线施工	广东基础		该工作面与东西连接管廊南侧的施工、雨水收集管的施工、新建给水管的施工有工作面的交叉协调	9

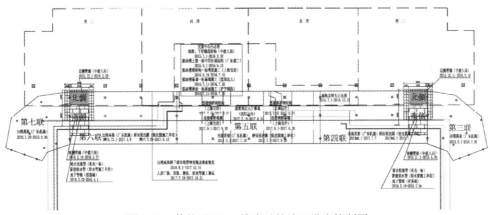

图 6-17　传统 CAD 二维表示的施工进度控制图

(a) 能源中心北段完成

(b) 东连接管廊完成

(c) 地铁和下穿隧道凸出段完成

(d) 西连接管廊完成

(e) 航站楼凸出段完成

(f) 中间段网架完成

(g) 中间段屋面和幕墙完成

(h) 停车楼北段完成

图 6-18　部分工序的截图（一）

(i) 城轨北端头完成

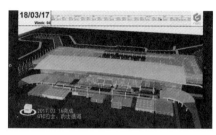
(j) 巴士和的士通道完成

(k) 南高架桥完成

(l) 张拉膜完成

图 6-18 部分工序的截图（二）

由表 6-2 和图 6-17 可看出，采用传统 CAD 表示该区域的施工进度，只能从平面上表达，很难表达立体空间上的工作面的交叉、工序施工前后的关系、各施工单位工作的时间关系，在优化进度和沟通协调方面都不方便。

通过 BIM 施工模拟确定合理的工艺顺序、施工工艺、平面布置等，保证了各项工作顺利推进，减少了扯皮推诿现象，杜绝了工序不当造成的浪费返工。

在衔接段的实际施工管理中，根据进度计划制作了该区域的进度模拟视频，作为总承包方，在向业主汇报工作和控制各施工单位的进度，划分责任主体时，都发挥了极大作用。视频部分工序的截图如图 6-18 所示：

2. 交通中心凸出段

交通中心凸出段位于航站楼和交通中心的地下交界处，是下穿隧道、地铁、T2 航站楼、交通中心四者的交叉施工区域，存在较多的工序穿插作业。

该凸出段主要涉及的是航站楼区域和交通中心区域两个总承包单位的沟通和协调，航站楼的总承包单位为广东建工、交通中心的总承包单位为中建八局。交叉作业比较复杂的是航站楼下部地铁和隧道的施工，但航站楼区域的地铁隧道施工是由广东建工下属的广东基础负责具体施工，而且该部分是后施工范围，即上部航站楼（含地下管廊部分）是没有施工的，航站楼两侧主体均已先施工。这就意味着必须和中建八局协调好下部区域的施工，控制好凸出段的施工进度，等凸出段施工完成后，才能进行中间部分航站楼的管廊和上部主体的施工；若凸出段的进度滞后，则将影响整个航站楼的主体施工，以及后续的钢结构、屋面和幕墙等专业分包的施工。

作为航站楼的施工总承包单位，为管理好这块区域的施工，确保工程的如期完成，利用 BIM 技术，制作施工流程，明确各方的施工内容和时间，将交叉作业清晰明朗化，减少互相之间的协调工作，保证工期。见图 6-19。

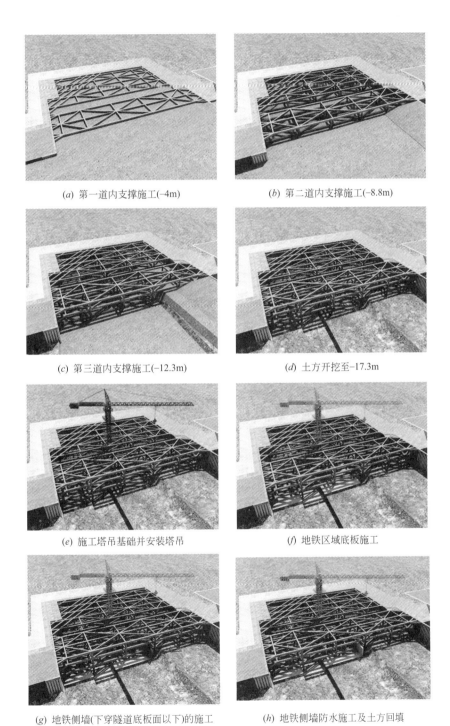

(a) 第一道内支撑施工(-4m)　　　　　(b) 第二道内支撑施工(-8.8m)

(c) 第三道内支撑施工(-12.3m)　　　　(d) 土方开挖至-17.3m

(e) 施工塔吊基础并安装塔吊　　　　　(f) 地铁区域底板施工

(g) 地铁侧墙(下穿隧道底板面以下)的施工　　(h) 地铁侧墙防水施工及土方回填

图 6-19　施工流程（一）

(*i*) 下穿隧道底板结构素混凝土回填

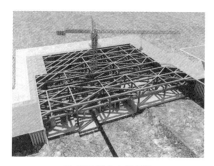

(*j*) 第三道内支撑拆除

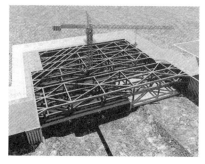

(*k*) 地铁站厅层结构及其板面标高下隧道墙施工

(*l*) 下穿隧道与地铁侧墙防水施工、
素混凝土回填，隧道内临时钢支撑安装

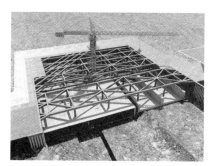

(*m*) 第二道内支撑拆除

(*n*) 下穿隧道顶板及其板面
标高以下地铁侧墙施工

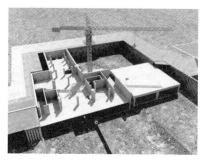

(*o*) 下穿隧道与地铁侧墙防水施工、
素混凝土回填，拆除第一道内支撑

(*p*) 地铁顶板(交通中心负一层)施工

图 6-19　施工流程（二）

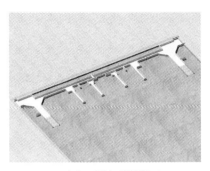
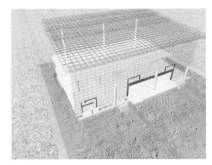

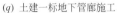

(q) 土建一标地下管廊施工　　　　　　(r) 土建一标上部结构施工

图 6-19　施工流程（三）

6.3　小结

　　广州白云国际机场 T2 航站楼扩建工程项目，在施工阶段的技术交底和工序模拟、施工管理等进行了 BIM 技术的创新应用，并取得良好效益。

　　在运用过程中，通过 BIM 技术和传统方式比对，进一步证明 BIM 技术的巨大优势。尽管在本项目中，BIM 技术应用仅仅在技术层面做了局部应用的有益探索，但是相信随着企业技术实力提升，BIM 技术和配套的完善，将会挖掘 BIM 更大的潜力，为项目带来更多变革。

第 7 章　广州地铁广佛线后通段鹤洞站 BIM 技术应用

7.1　项目概况

广佛线后通段鹤洞站所在地区为广州市荔湾区芳村，广佛线后通段线路图见图 7-1。车站所在地形为"马鞍"形，平段长度约 300m。本站站位设在鹤园路西侧。出入口设置于道路两侧，一个出入口与公交车站形成换乘。

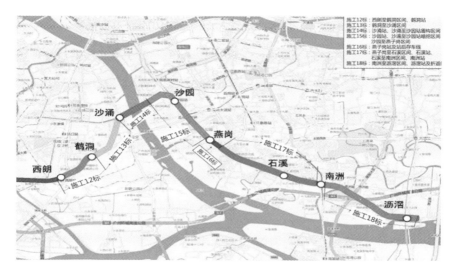

图 7-1　广佛线后通段线路图

鹤洞站为地下两层岛式车站，车站有效站台中心里程为 YDK21＋448.205，轨面埋深约 14.41m，站台宽为 10m，车站标准段宽度为 29.5m（包括围护结构），车站总长度为 109.7m（包括围护结构），总建筑面积为 9034.45m²，主体建筑面积为 7384.0m²，附属建筑面积为 1650.45m²，鹤洞站模型见图 7-2、鹤洞站车站实体见图 7-3。

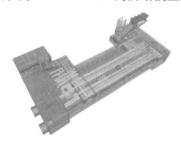

图 7-2　鹤洞站 BIM 模型

图 7-3　建成后的鹤洞站

为实现"打造精品、精益求精"的目标，广州地铁集团有限公司针对广州地铁新建线路的施工管理和数字化移交需求，首次将 4D 施工管理理念引入到轨道交通工程建设中，利用"轨道交通信息模型管理平台"（以下简称"GDJT BIM"）。从而实现基于 BIM 的地铁建设全生命期管理，提升管理与决策水平。

7.2　BIM 技术应用及成果

7.2.1　搭建平台整体架构

平台硬件架构：由于项目涉及建设过程中的建设方、监理方、施工方和第三方，并且目标是可以覆盖今后各条待建线路，因而平台硬件的物理结构需同时支持通过互联网或各线 VPN 内网的访问，所以将数据存储的物理结构设计为"中心＋各线"的二级存储模式。

平台软件架构：本项目首次选取 CS＋BS＋MS 模式作为网络结构。针对的智能终端拟包括基于 iOS 系统的苹果智能手机和基于 Android 系统的智能手机。故本平台应由 BS 架构的 Web 应用程序、CS 架构的计算机桌面应用程序和移动终端网络应用程序组成。结合项目的需求分析，平台的部分需求功能点需三部分架构共享，因而在服务器端单独设计公共功能 Web 服务模块。

1. 网络结构设计

系统首次选取 CS＋BS＋MS 模式作为网络结构。针对的智能终端拟包括基于 iOS 系统的苹果智能手机、和基于 Android 系统的智能手机。故本系统应由 BS 架构的 Web 应用程序、CS 架构的计算机桌面应用程序和移动终端网络应用程序组成。结合项目的需求分析，系统的部分需求功能点需三部分架构共享，因而在服务器端单独设计公共功能 Web 服务模块。最终形成架构图如图 7-4 所示。

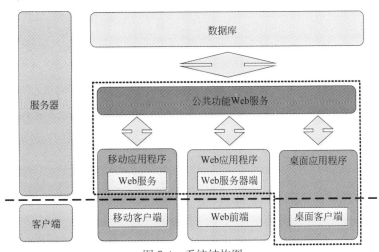

图 7-4　系统结构图

2. 系统结构设计

根据选定的网络模式，设计了一个如图 7-5 所示的系统架构图。

　　数据层根据系统的数据结构存储相关数据。数据层中还包括数据访问控制机制，通过判断本地缓存数据的版本号以及远程数据的版本号大小，自动选择是从本地读取数据还是通过网络传输读取服务器端的数据。如果是读取服务器数据，则在读入后同时保存一份最新版本数据至本地缓存文件。通过这样的控制机制，可以有效降低数据读取和更新的时间，提高系统运行效率。

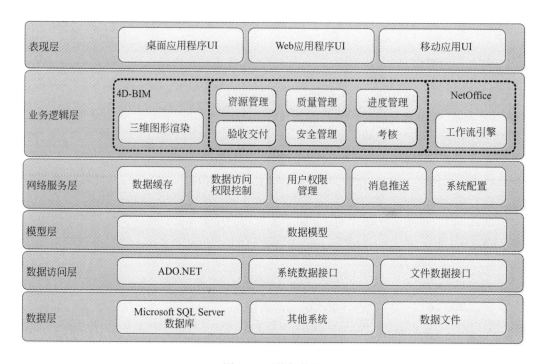

图 7-5　系统架构图

3. 物理结构设计

　　整个系统的数据服务中心即业主中心机房的中心服务器。互联网访问用户可直接访问中心服务器，各线环网内用户可直接访问线路服务器获取数据，物理结构图如图 7-6 所示。

　　由图 7-6 可见，网络环境是由中心机房、单线机房、车站 VPN 共同组成。

　　中心机房：中心机房内分别有一条大带宽 VPN 网络、一条大带宽 Internet 网络接入到机房内的防火墙，再由防火墙连接交换机，通过交换机与中心服务器的连接实现中心机房网络的构建。其中，大带宽的 Internet 的接入是为了实现"轨道交通信息模型管理系统"C/S、B/S 端的互联网访问，使用户可以通过互联网访问系统；而大带宽 VPN 网络则作为中心机房与单线机房数据交互的纽带。

　　单线机房：七号线地铁线路须设置单线机房一间，单线机房与中心机房通过大带宽 VPN 网络实现连接。网络将接入单线机房内的路由器，再由路由器接入到交换机，通过交换机与单线机房服务器的连接实现单线机房网络的构建。

　　车站 VPN：七号线地铁线路内所有参与"轨道交通信息模型管理系统"使用的车站将会通过一条 VPN 环网实现与线路机房相互连通连接，借此实现地铁线路内部的网络的

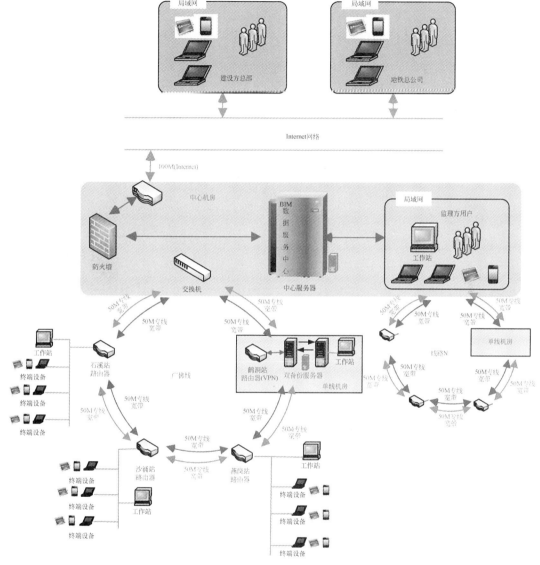

图 7-6　基于 BIM 技术的轨道交通信息模型管理系统物理结构图

搭建。为保证系统运行的稳定、流畅，这条 VPN 网络的带宽不能低于 20M。

各线路车站网络架设：为了使现场施工管理人员能够在车站内顺畅使用"轨道交通信息模型管理系统"M/S 端，需要在车站内敷设带宽为 10MB 互联网以供使用。鉴于不同车站内部情况不同，将提供两种网络搭建方式视车站情况选择：

（1）车站内架设大功率无线路由器：在地面机房单独开通一条 10MB 的互联网，在车站内部的站厅层公共区及站台层公共区分别放置两台大功率无线路由器，并由网线连接至地面机房内的网络设备以实现网络信号在车站内的覆盖。由于网线过长会造成网络信号的衰减，从而影响网络的使用效果，将这个地面机房与门禁设备房设置为同一机房（即车站出入口处）。

（2）车站内部架设电力猫：在地面机房单独开通一条 10MB 的互联网，同时开通一条专用电力线路至车站站厅层公共区以及站台层公共区。将电力猫主机放置于专用电力线路内并与专用互联网相连接，将电力猫的四台副机分别放置与站厅层公共区的两端以及站台层公共区的两端的专用电力线路内，从而实现网络信号在车站内的覆盖，站内网络设备系统图见图 7-7。

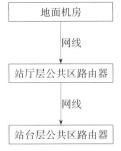

图 7-7　站内网络设备系统图

4. 硬件设备配置表（表 7-1）

硬件配置清单　　　　　　　　　　　　　　　　　表 7-1

设备类型	配置数量	设置地点或使用人员
中心服务器	1 台	中心机房
服务器	1 台	线路（或标段）中心基地
工作站	2 台/每个站点	本施工标段各站点项目部
移动个人终端	6 台	监理、业主
智能手机	1 台/班组长	施工作业班组
移动式无线路由器	6 台	监理、业主
固定式无线路由器	根据实际需要	实现施工区域内的 WIFI 信号的全覆盖
分布式通讯及数据储存网络架构	1 套	线路（或标段）中心基地及各站点项目部
视频会议设备	1 套/站点（含中心基地）	线路（或标段）中心基地及各站点项目部
二维码制造、印刷及现场手持式读取设备	二维码制造、印刷（1 套/站点）；现场手持式读取设备（10 套/站点）	线路（或标段）中心基地及各站点项目部

7.2.2　BIM 平台应用前期准备工作

为了利用"轨道交通信息模型管理平台"指导鹤洞站机电设备安装，实现基于 BIM 技术的施工管控，需对平台进行基础信息数据初始化、编制施工计划、编制设备材料到货计划。

1. 基础信息

创建参建单位管理人员、标段、单位工程，配置施工员、专业监理工程师专业，制作电子签名等信息，人员信息主要包含：姓名、身份证号、所属单位、账号、工点、平安卡号、IC 卡号、岗位（项目经理、施工员、质检员、资料员、总监理工程师、总监代表、专业监理工程师、安全监理工程师等）、专业。见图 7-8 和 7-9。

姓名	性别	身份证号	平安卡号	所属单位	车站	施工专业	岗位	联系电话	账号	MAC地址	备注	类别	IC卡号	工作卡号	照片	单位电话
[illegible]	男	430381199706261014		五矿二十三冶建设集团有限公司	石溪站	通风与空调	施工员		chenshuze			管理	00A0EA44	A0EA44		
[illegible]	男	430124199004214717		五矿二十三冶建设集团有限公司	石溪站	给排水及消防（含气体灭火）	施工员		yulu			管理	0053F874	53F874		

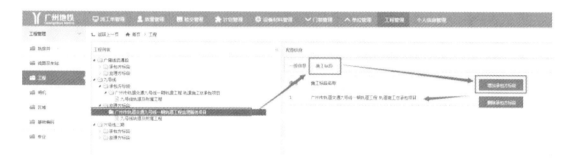

图 7-8　参建单位管理人员信息模板示例

图 7-9　创建标段、单位工程示例

2. 施工计划

（1）计划编制

① 标准工序编制

计划标准工序为树形结构，以工程中前期、施工、调试、验收、移交各个阶段为分支向下延伸，各阶段随工程推进为依次关系，各阶段均涵盖机电安装工程的各个专业，各专业间为并列关系但又相互制约，按实际情况进行调整，专业下分系统，系统按站台、站厅、区间划分区域，各区域按照设计图纸划分轴网，轴网的划分原则是以建筑结构图纸构造柱为基点，综合延伸将车站各区域划分为块，最终在每个轴网中明确工程内容。

机电安装工程计划＜阶段＜专业＜子系统＜区域＜轴网＜工程内容

② 计划的编制原则

计划的编制分为车站计划和区间计划，车站计划由所有在车站地盘内施工的单位负责编写各自施工区域的计划，由车站地盘管理商负责汇总，形成车站计划；区间计划有所有在区间地盘内施工的单位负责编写各自施工区域的计划，由区间地盘管理商负责汇总，形成区间计划。

车站计划与区间计划按照标准工序的思路进行编写，在保持前期、施工、调试、验收、移交不变的前提下，各个承包商依照各自区域的施工特点，对各专业进行细分，专业的划分原则参照但不拘泥于“标准工序编制办法”

（2）轴网编制

对各区域以施工图纸为标准，按照轴网进行进一步切分。轴网的划分原则是以结构图纸结构柱为基点，延伸将车站各区域划分为块，轴网编制见图 7-10。

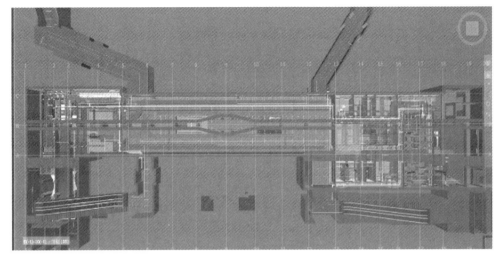

图 7-10 轴网编制

3. 设备材料到货计划

按照各专业设备材料清单规则表的要求，编制设备材料到货计划，专业设备材料清单规则示例见图 7-11，给水排水及消防（含气体灭火）设备材料清单规则表。

给排水及消防设备材料清单

序号	专业	合同设备材料名称	合同规格型号	到货设备材料名称	到货规格型号
1	给排水及消防	室外消火栓	DN□	室外消火栓	DN□
2	给排水及消防	消防水泵接合器	DN□	消防水泵接合器	DN□
3	给排水及消防	室内消火栓箱	箱体，单栓	室内消火栓箱	箱体，单栓
4	给排水及消防	室内消火栓箱	箱体，双栓	室内消火栓箱	箱体，双栓
5	给排水及消防	室内消火栓箱	单阀单口消火栓口，DN□	室内消火栓箱	单阀单口消火栓口，DN□
6	给排水及消防	室内消火栓箱	双栓消火栓口，DN□	室内消火栓箱	双栓消火栓口，DN□
7	给排水及消防	区间消火栓	DN□	区间消火栓	DN□
8	给排水及消防	消防器材箱	□mm×□mm×□mm	消防器材箱	□mm×□mm×□mm
9	给排水及消防	消防水泵	Q=□L/s，H=□MPa	消防水泵	Q=□L/s，H=□MPa
10	给排水及消防	稳压水泵	Q=□L/s，H=□MPa	稳压水泵	Q=□L/s，H=□MPa
11	给排水及消防	气压罐	50L，高□mm，半径□m	气压罐	50L，高□mm，半径□m
12	给排水及消防	消防控制柜	消防配套	消防控制柜	消防配套
13	给排水及消防	浮球阀	DN□	浮球阀	DN□
14	给排水及消防	灭火器（箱）	□mm×□mm×□mm	灭火器（箱）	□mm×□mm×□mm
15	给排水及消防	水管	热镀锌钢管，DN□	水管	热镀锌钢管，DN□
16	给排水及消防	水管	异径管，DN□mm×□mm	水管	异径管，DN□mm×□mm
17	给排水及消防	水管	偏心异径管，DN□mm×□mm	水管	偏心异径管，DN□mm×□mm
18	给排水及消防	水管	内衬塑镀锌钢管，DN□	水管	内衬塑镀锌钢管，DN□
19	给排水及消防	水管	不锈钢管，DN□	水管	不锈钢管，DN□
20	给排水及消防	水管	UPVC排水管，de□	水管	UPVC排水管，de□
21	给排水及消防	自动排气阀	DN□	自动排气阀	DN□
22	给排水及消防	电动蝶阀	DN□	电动蝶阀	DN□
23	给排水及消防	手动蝶阀	DN□	手动蝶阀	DN□
24	给排水及消防	闸阀	防爆闸阀，DN□	闸阀	防爆闸阀，DN□

图 7-11 专业设备材料清单规则示例

7.2.3 多种主流建模软件合模

在 GDJT BIM 上实现了多类型建模软件所做的三维模型的精确合模。广州轨道交通建设监理有限公司 BIM 研发团队使用 TFAS、MEGICAD、Bentley、TEKLA、CATIA、Revit 建模后，在 GDJT BIM 中实现了基于 IFC 的合模。这一成果为今后各家建模单位的合模提供了有力的技术支撑。

由于广州轨道交通项目的建模工作由各施工分包商以及设备厂商承担，因而难以避免出现在同一项目模型中使用不同的建模工具进行 BIM 建模的情况。因此，为施工阶段管理、控制、分析服务的 GDJT BIM 应具备多建模工具建模成果的兼容性。本着这一需求，我们提供了多种 BIM 建模工具的模型兼容性解决方案。

1. 不同格式的模型

本样例中，包括了 Revit、Bentley ABD、CATIA、Pro/E 的模型，模型截图如图 7-12～图 7-15。

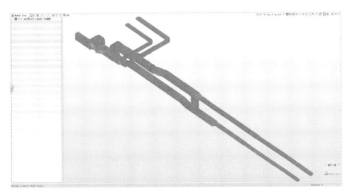

图 7-12　Revit 导出的 IFC 模型

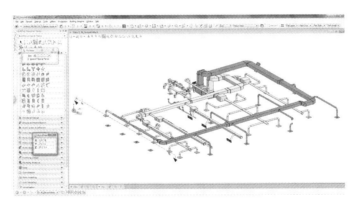

图 7-13　Bentley ABD 模型

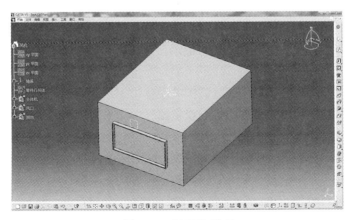

图 7-14　CATIA 模型

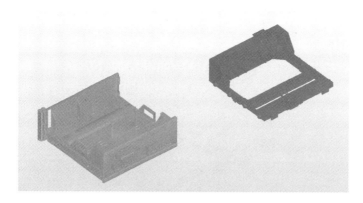

图 7-15　Pro/E 模型

2. 合模

通过转换以及导入，在系统中合模结果见图 7-16。

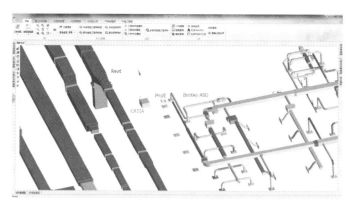

图 7-16　合模截图

7.2.4　机电设备信息管理

实现了机电设备从进场开始的安装过程的可视化管理。通过设备厂商及供货商提供设备模型文件及模型附加文件信息，从出厂到交付运维的过程中，通过二维码的追踪管理，实现设备安装、调试及验收的全过程信息记录，从而为运维方提供真实可靠的数据支持，设备二维码管控过程如图 7-17 所示。

为提高建设阶段设备材料在采购管理中的质量管控手段，促进运营阶段设备材料运行高效管理，在新线施工招标、监理招标、设备招标中均采用二维码来解决传统工程管理方式中存在的甲乙供设备材料到货、品控管理难题，其作为 BIM 工具的组成模块之一，方便工程实施中、运营维护管理中各环节对数据、信息的处理加工，提高管理效率。

二维码的组成：二维码核查单、设备材料本体上的二维码。

二维码设备材料信息：由材料、设备厂家在出厂时将材料、设备信息（二维码标识码、位置码、设备名称、规格型号、设备编号、生产商）编写生成二维码后贴附在铭牌处、标识处。

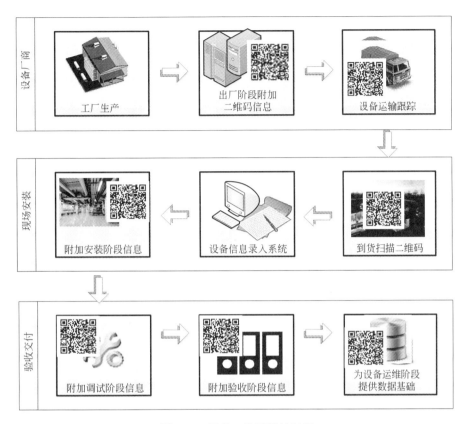

图 7-17　设备二维码管控过程

设备铭牌基本信息	粘贴二维码处

例如：回排风机二维码信息见表 7-2 和图 7-18。

代码表　　　　　　　　　　　　　　　　　　表 7-2

线路名称	车站名称	GF15KT000TVF001					
		线路代码	站点代码	专业代码	甲乙供设备材料标识码	设备材料代码	流水号
广佛线	鹤洞站	GF	15	KT	00	0TVF	001

二维码编制样板

图 7-18　二维码设备

二维码应用：基于二维码的设备清点，清点图册及清点过程见图 7-19 和图 7-20。

二维码A 贴于设备	二维码B 备用	二维码C	设备信息	二维码 确认	模型	运营总 部确认	施工单 位确认
			设备名称： 规格型号： ……	张三	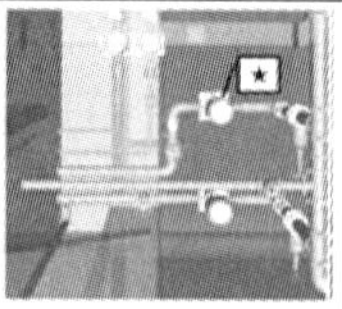	张三	李四
			……	……	……	……	……

图 7-19　二维码应用

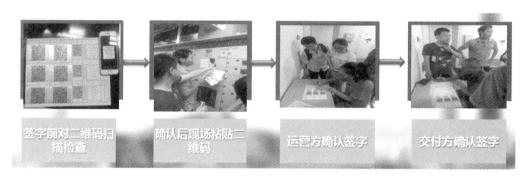

图 7-20　二维码应用过程

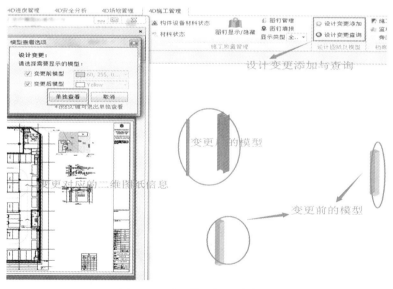

图 7-21　基于模型的设计变更

7.2.5　基于模型的变更与质量安全管理

施工过程中，实际完工情况与设计并不相符的情况不可避免。通过添加设计变更，可以保证 BIM 模型的正确性，从而避免模型信息落后导致的决策失误，见图 7-21。系统中提供了设计变更的添加与查询功能，每次变更的 BIM 模型版本以及相关的设计文件都将记录在系统内，形成历史信息以便回溯和查阅。在鹤洞站应用中，开发了质量安全管理模块，实现了现场问题按图钉功能，见图 7-22。

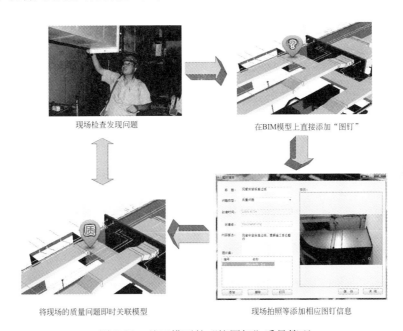

现场检查发现问题　　　　　　　　　在BIM模型上直接添加"图钉"

将现场的质量问题即时关联模型　　　　现场拍照等添加相应图钉信息

图 7-22　基于模型的"按图钉"质量管理

1. 质量安全问题填报整改流程

（1）CS/MS 对发现的质量安全问题进行按图钉记录，见图 7-23。

（2）填写质量问题信息，施工人员或监理人员可以通过 MS 端选择操作类型：生成监理工程师通知单、生成整改通知单、整改派工单、生成工作联系单，其中操作类型根据严重等级而定；生成工作联系单是指通知与质量问题相关的其他单位人员，生成整改通知单是指通知施工方整改的通知，生成监理工程师通知单是指生成通知监理工程师的消息。并上传质量问题相关图片。见图 7-24 和图 7-25。

2. 质量安全管理的其他应用

利用"GDJT BIM"，可以在系统中创建安全巡检记录、增加安全风险源、添加安全事件、记录施工人员三级安全教育培训、填写监理工程师通知单及安全隐患整改通知单。见图 7-26 和图 7-27。

3. 门禁系统的人员安全管控

为了更好地利用"轨道交通信息模型管理系统"对工程施工管理人员及作业人员进/出施工作业区进行实时监控与统计管理，必须将施工车站门禁系统的网络与 BIM 项目部 VPN 网络接通，具体拓扑图见图 7-28：

图 7-23 CS/MS 端质量安全"按图钉"记录

图 7-24 监理工程通知单和整改通知单

图 7-25 整改派工单和工作联系单

图 7-26 安全巡检和三级安全教育

图 7-27　安全事件和安全风险源

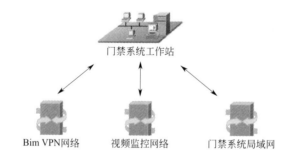

图 7-28　门禁系统与 BIM 项目部 VPN 网络联通拓扑图

7.2.6　以派工单为核心的施工进度管理

在鹤洞站建立了以派工单为核心的施工进度管理体系，初步实现了基于派工单的精细化协同管理。这在国内施工管理平台应用中尚属首例，是国内 BIM 应用的创新和突出亮点。

派工单是指施工单位根据审批过的周计划创建派工单，将施工任务以工单的形式创建出来，工单中包含进入车站作业的人员、设备/材料，工序指引以及安全防范措施等。对于日常施工过程管理，平台以派工单运行为核心，为建设方、监理方和施工方提供施工过程信息跟踪控制功能。

首先，通过派工单指定施工任务、人员、所需设备材料等并提交监理审核，审核通过后开始施工；其次，派工单完成后需要在平台内提交相应的交付物，并可在模型中显示施工完成情况，对未及时完成施工任务及时预警；最后，平台从派工单中提取实际进度数据，并与计划进度比较，分析工期延误情况，同时定量分析任务完成的质量和数量。此外，平台将根据每日派工单内容自动生成施工日志等档案资料以形成后期运维知识库。

目前，鹤洞站派工单达到了 200 多张，石溪站 130 多张。鹤洞站车站机电安装从 2014 年 7 月进场，到 2015 年 6 月 30 日完成工程项目的三权移交，一共包含 6 个劳务分包，14 个设备材料供应商，施工现场高峰期达到 130 多人，平均 65 人。以传统的施工总体计划为载体，采用 GDJT BIM 进行月计划、周计划、派工单进行管理属于项目管理方法和工具的创新；车站施工区域轴网划分及与模型的关联也是一种施工工艺的创新。通过将施工总体计划按照轴网区间进行分解和编制，实现与 BIM 模型关联。在此基础上，创建符合实际施工进度的周计划，并依托"派工单"，实现对施工计划、施工进度、施工人员、设备材料、质量控制、档案资料生成进行全面的、有效的、精细化管理。

其次，以派工单为流转基础，实现全过程人、材、机的管理，建立了适应广州地铁项目的一种超越工序级别的精细化管理方式，其特点是：

（1）以监理方的角色来主导基于 BIM 的施工管理，使得整个管理过程能在作业层面真正地实现精细化管理，与管理层面的宏观管控也得以良好的结合。

（2）作业层面的精细化管理，首先由于派工单的约束存在，材料必须检查合格才能使用，工人必须授权才能进入作业区；其次，以信息化的方式，对施工过程进行完整、真实而实时的记录。

（3）最后，充分发挥建设方、施工方和监理方的作用。引入 BIM 平台后，改变了对监理、承包商的考核方式。将监理认可的周计划、到场材料清单、施工人员总名单导入《机电安装信息采集系统》作为每日派工单依据。施工员每天核实班组施工内容是否与派工单一致，施工质量是否符合 BIM 模型与施工图要求。每日向监理对派工单工作提交复核申请，确认当天工作内容，由 BIM 平台产生相应交付物。并作为考核的基础数据。

更为重要的是，通过派工单的精细化管控，将系统应用深入到施工现场最底层的管理人员，见图 7-29。

1. 派工单示例操作流程

（1）导入模型

利用 "GDJT BIM" CS 端的模型管理功能管理模块，导入鹤洞站的模型并根据构件编码自动生成工程构件树。见图 7-30。

（2）导入施工计划

利用 "GDJT BIM" CS 端的进度功能管理模块，导入鹤洞站施工进度计划。见图 7-31。

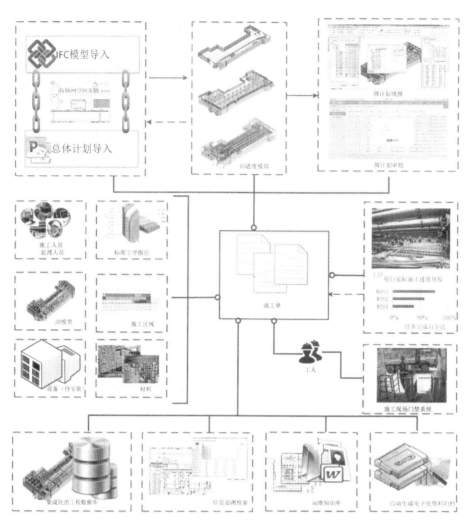

图 7-29　以派工单为核心的施工进度管理

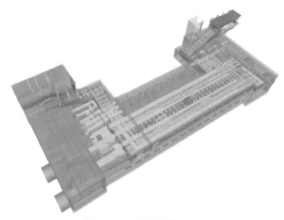

图 7-30　鹤洞站模型图

（3）模型与计划关联

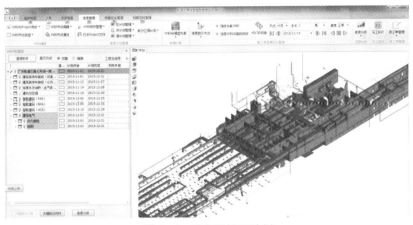

图 7-31　鹤洞站施工计划

利用"GDJT BIM"CS 端"WBS 与模型关联"中的"按空间创建 4D 关联"功能，实现月计划中的所有设备材料与模型关联。见图 7-32。

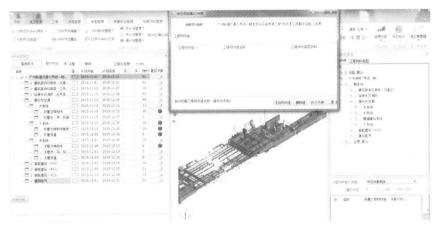

图 7-32　鹤洞站模型与计划关联

（4）提交到货计划

利用"GDJT BIM"BS 端，导入按标准模板编制的到货计划并检查确认，即可完成计划审批单的填报，后续由审核人员进行审核，见图 7-33。

（5）车站实体派工单

① 施工员创建派工单。施工员登录系统，选择 WBS、人员、设备材料，完成填写提交给专业监理工程师进行审核。见图 7-34。

② 专监审核派工单。专业监理工程师登录系统，对施工员填报的内容进行确认审核。见图 7-35。

③ 完成情况填报。完成情况填报一般是在派工单进行实际施工之后，每天施工员都需要对当天的派工单进行完成情况填报。完成情况填报时，施工员还可以对所使用的设备材料进行确认，如果派工单时选择的设备材料，在当天没有使用到，在完成情况填报时可以进行修改，还可以在完成情况填报时上传工程照片。最后生成施工日志并填写保存。见图 7-36。

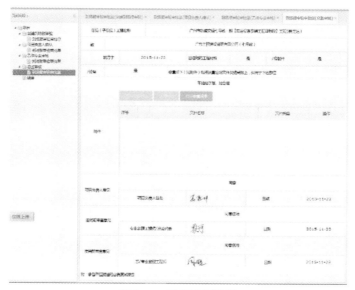

图 7-33　到货计划填报

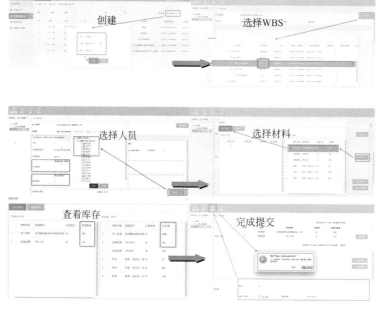

图 7-34　派工单创建示例

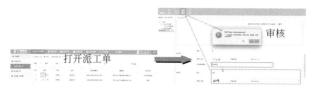

图 7-35　派工单审核示例

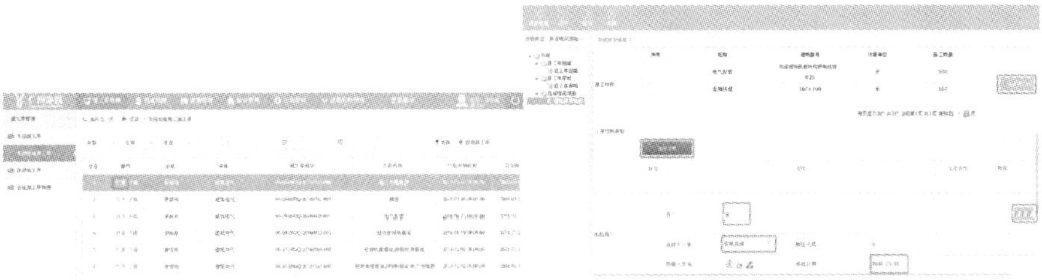

图 7-36　派工单完成填报示例

④ 专监审核完成情况。专监对施工员填报的完成情况进行审核确认，生成监理日志并填写保存。至此，派工单流程结束。见图 7-37。

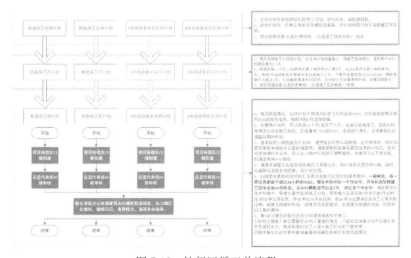

图 7-37　派工单完成示例

2. 轨行区派工单

相对车站实体派工单的流程稍有区别，增加了调度环节，其他基本一致，见下图轨行区派工单流程。见图 7-38。

图 7-38　轨行区派工单流程

7.2.7　BIM 前期应用

1. 前期应用点

在 BIM 应用前期，主要应用点包括了三维图纸会审，管线综合优化设计，以及临建场地可视化的规划设计。见图 7-39 和图 7-40。

图 7-39　借助三维模型进行图纸会审

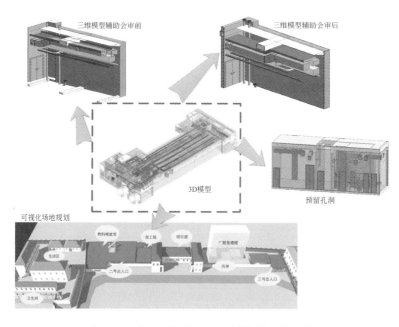

图 7-40　基于 3D 模型的 BIM 前期工作应用

（1）三维图纸会审，为了提高二维图纸会审效率，鹤洞站施工单位提前将设计单位提交的二维图纸翻模成 3D 模型，通过 3D 模型的可视化特点，可以很直观地领会设计意图，大大提高图纸会审工作效率。

（2）管线综合，在鹤洞站机电安装的施工前期，施工单位对 3D 模型进行碰撞检测，利用 BIM 技术检查出 2000 多个碰撞点，节省成本几十万元，缩短工期 3～4 周。

（3）临建场地规划，给出了采用 3D 模型综合考虑的临时设施规划方案以及鹤洞站现场对比图。

2. 应用效果

（1）提高沟通效果

设计方案、工程问题，设计、施工、监理、业主等相关方利用三维模型进行沟通交流，展现方式更为直接，清晰明了。

以往运营总部经常在现场施工完成后，再提出很多修改意见，比如房间功能更改，导向更改等。应用三维模型，可在施工前直观地展示给运营人员查看，提前将需要修改完善的内容在施工前确认，减少实施后的变更。同时，应用 BIM 模型，还可以实现对班组的三维可视化施工工艺和技术交底。为了落实派工单的应用，保证现场实际与系统数据相符，间接促进了承包商各专业管理人员与工班的沟通，真正将各项计划安排落实至作业人员。

（2）专业施工工序并联

原来车站的机电施工，由于综合管线设计图纸的不准确性，以及所有管线施工前无法进行准确的三维空间设计。进而导致机电承包商不敢在墙体砌筑前开始管线的敷设，更不敢将风管和水管进行跳跃性施工。

以往做法一般是等待完成了砌筑施工以后，再开始风管、水管等的敷设，并且是线性施工。鹤洞站项目组引入 BIM 技术，提出了设备区装修和机电各专业同时进行施工的思路。由于 BIM 模型的精确设计和对现场的精确测量，所有已经可以精确定位。因此，在墙体砌筑前通过现场的精确放线，可以让墙体砌筑和风管、水管、线管等管线施工同时进行，并且风管和水管也可以跳跃化施工。从而使施工空间到了大大利用，在不增加总施工人员和人力成本的情况下，通过了工序的有效穿插，大大缩短了整个项目的施工进度。

（3）合理准备工作

利用 3D 模型，合理规划站内临水、临电、临时消防设施的布置，将临时动力配线、照明配线、视频监控线等所有站内临时线缆集成在综合线槽中，给出了采用 3D 模型综合考虑的临时设施规划方案以及鹤洞站现场对比图。

临时设施的布置避开后续施工区域，解决了以往施工过程中不断迁改站内临时设施的问题，大大节省了人力、物力。继而也实现绿色环保施工的理念，3D 模型规划的临时设施与现场对比见图 7-41。

（4）转变制造模式

在鹤洞站现场采用直接利用 3D 模型出材料加工单。由于 BIM 技术的引入，使得建筑行业的材料有了工厂化加工制造的可能。施工环境的提高——减少了现场加工量，从而可以使得现场材料布局合理、码放整齐、保证通道；并且，可以减少或杜绝场内有毒、有害工序的施工；创造良好的现场施工环境，提高了现场作业的秩序化；提高产品的质量以及提高场外加工占比。在地面场地或其他加工厂，通过标准化的工厂加工，提高产品的标准工艺水平，进而确保了产品生产质量。提高产品的耐久性——由于工厂化制造，杜绝了现场的焊接，确保了管材的镀锌层质量，从而有效提高了产品的耐久性和使用寿命。见图 7-42。

图 7-41　3D 模型规划的临时设施与现场对比

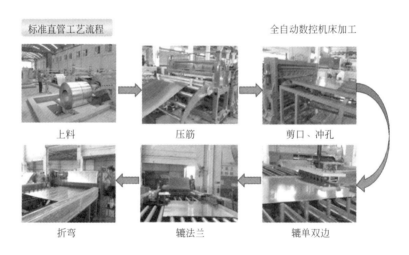

图 7-42　工厂化预制

7.2.8　形成系列的标准和管理办法

作为建设领域信息化的第二次革命，BIM 技术的推广应用的难度远超第一次，需要配套的标准和导则。这些标准包括建模标准、管理标准、应用导则等等。

重工具、轻标准的实施，对于 BIM 应用落地是无法得到作业层的贯彻执行，无法实现 BIM 应用价值点。至今，国内没有能满足轨道交通建设的标准。

项目推进过程中，针对广州轨道交通机电与装修工程专门编写了这些标准和导则的编制。例如，《轨道交通机电设备安装与装修工程 BIM 建模标准》、《轨道交通信息管理系统的施工计划编制指引》、《轨道交通信息模型管理系统的模型交付标准》等。见图 7-43。

图 7-43　标准和导则示例

7.3　小结

本着"理念前瞻性，技术先进性，系统实用性"的研究理念和策略，建设方及各参建单位采用"轨道交通信息模型管理平台"，共享同一套 BIM 模型，既实现了 BIM 技术常规应用点，也实现基于二维码的机电设备过程信息管理，基于 3D 模型的"按图钉"质量安全管理以及以派工单为核心的进度管理体系。

此外，为了保证平台的落地应用，建设方研究编写了 BIM 应用标准导则。广佛线后通段鹤洞站的实际应用表明，"轨道交通信息模型管理平台"扩展了 BIM 技术应用范畴，能够适应轨道交通机电工程的实际需求，实现了项目参与方信息共享、多专业协同、减少施工阶段设计变更、缩短施工工期等预定目标。对于提高地铁建设过程中施工效率以及信息化管理水平，取得了显著效果，也为广州地铁今后的 10 条新线、100 多个车站大规模新线建设提供了新的信息化管理手段。

第8章 中国南方航空大厦施工全过程BIM技术应用

8.1 项目概况

8.1.1 工程概况

中国南方航空大厦（图8-1）为中国南方航空公司的新总部，位于广州市白云区白云新城云城东路西侧。项目总用地面积23311m²，总建筑面积194729m²，最大高度约160m，为超高层、装配式建筑。地上总计36层，地下4层地下室，总造价约为10.8亿元。中国南方航空大厦是集综合商务办公、大型会议、餐饮购物、文化展览等现代服务功能为一体的5A甲级写字楼。施工总承包单是广州机施建设集团有限公司，设计单位是广东省建筑设计研究院，建设单位是广州南航建设有限公司。

图8-1 项目工程效果图

8.1.2 工程特点

中国南方航空大厦具有以下特点：

（1）主塔楼为全装配式超高层钢结构建筑，其中结构采用钢管混凝土柱＋U型钢组合梁＋外包多腔钢板混凝土剪力墙核心筒结构体系，裙楼及地下室采用空心楼盖，幕墙采用单元式板块玻璃幕墙，装修采用全装配式地板、隔墙及吊顶等。

（2）大量采用新技术、新工艺和预制钢构件，施工难度大、工期紧、管理要求高。

（3）在项目建设中，BIM技术覆盖深化设计、施工组织、进度管理、成本控制、质量、安全监控、运营维护等施工全过程，实现项目全生命周期内的技术和经济指标最优化。

8.1.3　采用 BIM 技术的原因

中国南方航空大厦的主塔楼为装配式钢结构建筑，主要由钢管柱、钢板剪力墙及钢梁拼装而成，其中有新型的内设钢管钢板剪力墙、U 型钢梁楼板、大型钢箱转换桁架、预应力叠合板与 28m 跨度钢箱梁组合结构等，总用钢量达 1.82 万 t。工程体量大，大量采用新技术、新工艺和预制钢构件，结构新颖，吊装技术难点多，装配精度要求高，但计划工期紧，管理要求高，机械作业量大。

BIM 技术可将所有构件与 4D 模拟联系在一起，结合所有的信息，组成一个信息库，使其对施工过程中所用到的材料、人员、工具进行合理的分配，且利用 BIM 技术的施工模拟找出施工难点，对提高项目进度有不可或缺的意义。

工程管线碰撞都是不可避免的问题，同时亦是工程中一个浪费颇多的环节。尤其在传统 2D 图纸时代，由于可视化程度有限，设计者和施工人员必需凭着自己的空间想象力以及经验去设计与施工，故导致设计不合理，施工不下去的情况比比皆是。中国南方航空大厦的管线量较大，且种类亦繁多，而 BIM 技术能在工程建造前依据整合的设计 BIM 模型逐一的进行空间冲突与分析，并进行管线综合优化，提早进行设计修改，减少施工阶段变更设计。

中国南方航空大厦装配式装修目前面临的最大问题是工厂、设计师、技工等不同部门无法有效合作，难以顺利打造一站式的装修过程。因此，利用 BIM 技术在平台上联合设计师、建材供应商、施工方打通了产业链的上下游，使装配式建筑过程将变得更加高效化、智能化、协同化。现在已经进入了一个新的实体经济建设时代，线上线下整体的建筑系统都将遵循一个规律，那就是 BIM＋装配式，这将会是整个行业的大趋势。

在中国南方航空大厦工程中，利用 BIM 技术从规划、设计、施工等方面提升建设品质和建设效率，在运维阶段，搭建"BIM＋FM（Facility Management 设施管理）"系统，实现空间管理、设备维护、资产管理、能耗监控，使 BIM 的价值贯穿建筑物的全生命周期。

8.2　BIM 技术应用

在中国南方航空大厦的建设过程中，BIM 技术的运用覆盖施工组织管理的各个环节，包括深化设计、施工组织、进度管理、成本控制、质量、安全监控、运营维护等。从建筑的全生命周期管理角度出发，施工阶段 BIM 运用的信息创建、管理和共享技术，可以更好地控制工程质量、进度和资金运用，保证项目的成功实施，为业主和运营维护方提供更好的售后服务，实现项目全生命周期内的技术和经济指标最优化。

（1）BIM 应用于设计阶段：本项目的主体结构大多由钢构件组成，必需深化设计的节点甚多，利用 BIM 技术的施工软件，可通过 BIM 核心建模软件的数据，对钢结构的节点进行深化设计，并生成加工图、深化图、材料表、数控机床加工代码等，对结构的安全性、成本的投入、技术交底等起到了很好的控制作用。

（2）BIM 应用于施工阶段：对如何做好施工组织，将项目施工对环境的影响降到最低，是项目参建各方共同关注的问题。因体量大，本项目的大型钢构件及单元式玻璃幕墙的吊装，需要合理及周全的施工布置计划才能有效压缩工期及成本投入，且需分阶段考虑。通过 BIM 三维模型分析最佳的塔吊布置方案，并且可将模型导入到各种大型的有限元软件，对塔吊基础进行安全性分析，保证工期的同时有效地压缩了大型机械设备的投入成本；将单元式幕墙的吊装过程制作成动画，以进行真实的施工模拟，方便了项目的管理工作及技术交底，保证了施工安全性。

（3）BIM 应用于运营维护阶段：大厦内部各种机电设备的详细信息均可在设计时被录入 BIM 设计模型中，随着模型的完善不断得到充实。因此在后期的维护过程中只需输入设备名称或编号，便可以轻松查询该设备的相关信息。维护人员可据此进行设备的定期检查和维修，从而将安全隐患扼杀在摇篮中；BIM 还可以进行紧急疏散模拟，根据数学模型可以方便地计算出人员疏散时间，挑选最优的逃生路径，可以有效地组织人流疏散，减少事故伤亡率。

BIM 在项目的策划、设计、施工及运营管理等各阶段的深入应用，为项目团队提供了一个信息数据平台，有效地改善了业主、设计、施工等各方的协调沟通。同时帮助施工单位进行施工决策，以三维模拟的方式减少施工过程的错、漏、碰、撞，提高一次安装成功率，减少施工过程中的时间、人力、物力浪费，为方案优化、施工组织提供科学依据。详述如下：

8.2.1 基于 BIM 的装配式建筑施工

装配式建筑通过 BIM 方法进行技术集成，贯穿设计、生产、施工、装修和管理的建筑全生命周期，装配式建筑的核心是"集成"，BIM 技术是"集成"的主线。BIM 技术可以数字化虚拟，信息化描述各种系统要素，实现信息化协同设计、可视化装配，工程量信息的交互和节点连接模拟及检验等全新运用，整合建筑全产业链，实现全过程、全方位的信息化集成。

（1）基于 BIM 技术的设计建造一体化概念，助攻全装配式超高层钢结构的施工难点。

中国南方航空大厦建筑功能丰富，结构形式复杂，全装配式的钢结构设计使常规施工技术难以胜任。在行业应用较广的 BIM 软件和平台中，最终选择 Tekla Structures 软件，根据结构图纸搭建出钢结构模型（图 8-2），然后加工厂从模型中提取加工详图，现场施工人员从模型中提取材料清单，还为所有构件赋予时间属性，与 project 整合工期，动态模拟钢结构的施工过程。

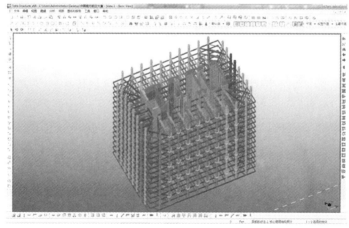

图 8-2　Tekla Structures 结构模型

中国南方航空大厦结构复杂，如果仅仅依靠 CAD 节点放样的方式计算工程造价，不仅提高工程量的计算难度，而且也无法保证工程量精确性。在实际操作过程中，工程变更往往难以避免，但在 Tekla Structures 的 BIM 解决方案中，工程变更即是修改模型，依据模型输出的图纸会自动进行相应修改，减少了人工协同的计算错误率，避免因错误信息进行生产加工而造成的浪费。

传统工序中，由于方案变更而重新制作报表可能需要 3～10 个工作日。本项目在预制生产之前做了多次的方案调整，其中关于广东首例的钢板剪力墙结构的重大变动就有 2 次，但借助 Tekla Structures 自动报表功能，每次修改方案之后只需半个工作日的人工校核即可更新报表，大大缩短了设计周期，提高了工作效率，减少人为因素的影响。

同时 Tekla Structures 可以通过 BIM 模型生成材料清单，准确计算工程量，强大的报表功能可以自动提供工程所需的零件清单、构件清单、装箱规格、螺栓清单，甚至后期防火涂料的区域面积。根据生成的详图资料制作初步的预算报告，包括设计号、构件编号、零件名称、焊缝类型与长度、螺栓规格与数量、节点信息等。通过对以上信息进行汇总与统计，得出详细的信息清单，为后续工作的资源（进度、资金、设备、人员、材料、结算等）控制提供依据（图 8-3）。

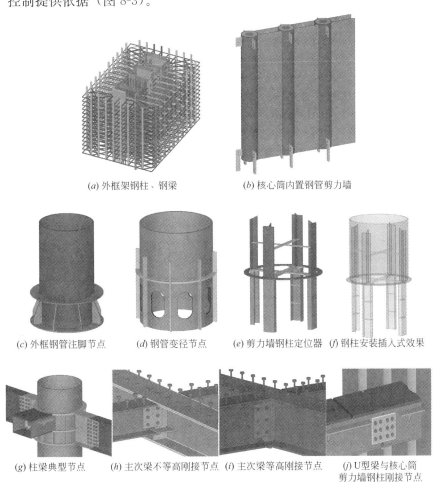

(a) 外框架钢柱、钢梁　　　　　　　(b) 核心筒内置钢管剪力墙

(c) 外框钢管注脚节点　　(d) 钢管变径节点　　(e) 剪力墙钢柱定位器　(f) 钢柱安装插入式效果

(g) 柱梁典型节点　　(h) 主次梁不等高刚接节点　(i) 主次梁等高刚接节点　(j) U型梁与核心筒剪力墙钢柱刚接节点

图 8-3　深化设计建模示意图

　　全装配式钢结构项目的特点是构件数量大，构件种类多。本项目构件数目成千上万，倘若构件进场管理不到位，很有可能出现"柱未到，梁先至；主梁不来，次梁来"的现象，影响项目进展。面临复杂的布置图和庞大的构件清单，在传统工作中，项目管理人员都停留在 2D 的工作环境中。安排构件进场计划时往往先将图纸打印出来，然后用彩笔描绘区分构件类别，再将分区的构件号录入电脑重新整理得到构件进场顺序，可是如果安装计划调整，手工改动工作量庞大，效率比较低。

　　本次 BIM 应用中，从深化设计的模型中可以提取各种形式的构件清单，包括构件的长度、重量、数量和截面等。只要在清单模板里添加一列时间属性，然后对构件清单按时间排序，即可得到构件的进场顺序。为了划分整个项目的结构，可以在状态管理器中新建几个状态，选中部分构件，修改其状态属性，然后在对象组里过滤隐藏掉选中的构件，再选择另一部分构件，赋予状态属性隐藏掉。如此重复直至对每个构件都赋予了状态属性。按照层数区域、框柱框梁和主梁次梁划分解构了整体结构后，命令模型根据构件的状态属性显示不同颜色，然后在对象组中从无到有、从少到多逐级显示各类构件，会议上项目管理人员据此商讨安装顺序的可行性，调整优化各部分构件的状态属性，达成一致后定稿，如图 8-4 所示。本方法中，构件的进场时间属性都是可视的，便于管理人员之间的协商沟通以及对加工厂制作的进场交底。

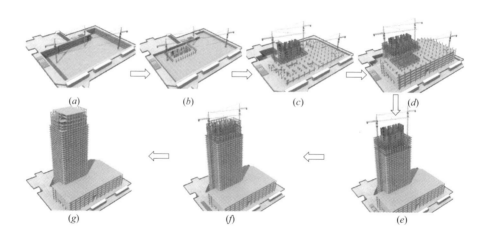

图 8-4　主体结构总体安装示意图

（a）首先确定塔吊位置，负二至四层为钢筋混凝土结构；（b）负一层安装钢转换构件；
（c）首层至第七层为跨 2 层一段；（d）第七层裙楼屋面采用大跨度梁铺装预应力叠合板；
（e）第七层以上钢构件每段跨 3 层；（f）第三十一层为变截面转换层；（g）吊装施工完成

　　（2）利用 BIM 技术的三维可视化功能，分析单元式玻璃幕墙的吊装可行性。

　　采用两台大型塔式起重机 TC7035 完成主体结构施工后，吊装单元式玻璃幕墙，幕墙单块重量有 1.2t。传统办法是拆除两台大型塔吊改用吊篮进行吊装，但吊篮的最大承重量只有 6300N，无法实现幕墙安装。另一方案是，在结构最顶部挑出悬臂型钢，在悬臂下安装工字钢环形轨道，轨道上吊挂电动葫芦，利用电动葫芦实现单元板块玻璃幕墙吊装施工。但是，结构在 33 层开始内缩（图 8-5），电动葫芦无法吊装最高层的幕墙，而且环形轨道的周转速度难以满足工期要求，因此该方案不成立。

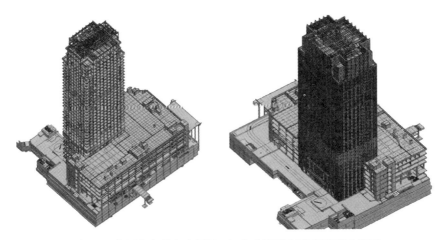

图 8-5　中国南方航空大厦 Revit 土建模型和幕墙模型示意图

采用 BIM 模型模拟分析后，制定出最佳方案——在屋面停机坪上安装一台中小型塔吊进行玻璃幕墙吊装、大型机电设备及装修材料等。通过模型确定塔吊基础形式、位置及臂长（图 8-6），最终决定采用臂长为 50m 的 TC6011 塔吊，将塔吊基础放置于停机坪中心处的 4 个钢板剪力墙上。

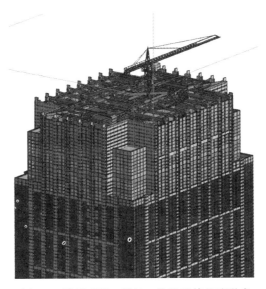

图 8-6　塔吊型号、臂长、位置及其基础形式

通过 BIM 模型发现，屋面中心处的钢板剪力墙纵向跨度为 10450mm，横向跨度为 5754mm，两个方向的跨度不一致，因此必须在传统的十字钢梁塔吊基础底下布置平行底架梁，才能满足塔吊基础的几何形式要求。通过采用有限元软件 SAP2000 进行建模及设计（图 8-7），采用 ANSYS 校核钢梁构件及节点的强度（图 8-8）。

通过 BIM 技术模拟分析塔吊的布置、塔吊基础的设计及数值，成功实现了 TC6011 塔吊进行单元式玻璃幕墙的吊装，并将吊装过程以动画形式进行展示，便于项目管理工作及技术交底，保证施工安全性（图 8-9）。

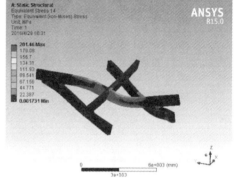

图 8-7　塔吊基础各构件应力比图　　　　图 8-8　十字钢梁与平行底架梁应力云图

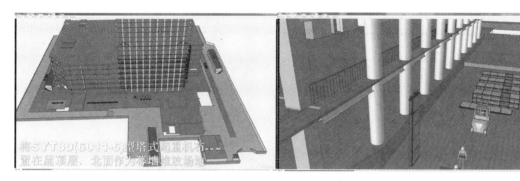

图 8-9　幕墙吊装模拟动画

（3）利用 BIM 技术进行大型、复杂的机电管线综合，提升净空标高和安装效率。

中国南方航空公司的新总部大楼，对舒适度、安全性能和智能化要求极高，机电安装就涵盖了消防、喷淋、空调、防排烟、给水排水、强电弱电、电梯和智能化等系统，楼层高、系统复杂、管道普遍较大是本工程机电安装的特点。遵循"小管让大管、有压管道让无压管道、一般性管道让动力性管道、强弱电分开设置、电气避让热水及蒸汽管道、同等情况下造价低让造价高"六大原则，通过 BIM 技术实现空调、给水排水、强弱电、消防、喷淋和弱电等各专业之间，与装饰专业紧密配合，相互协调，统一合理布局，减少冲突和返工，最大程度统一最低完成面标高，保持美观（图 8-10）。

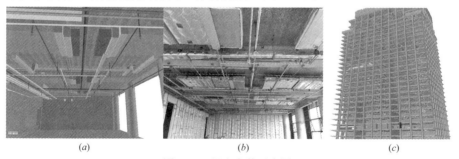

　　　　（a）　　　　　　　　　　　（b）　　　　　　　　　　　（c）

图 8-10　机电安装示意图

（a）标准层室内管线；（b）标准层室内现场作业图；（c）标准层机电管线效果图

由于机电系统繁多复杂，采用参数化建模进行 3D 模型设计，并建立了符合项目需要的族库。例如，通道走廊在 1200mm×400mm 排烟风管与 800mm×400mm 空调风管交叉位，排烟风管从核心筒风井出来经过 650mm 深的钢梁，设计为下排烟风口，且设计规定风管和水管不能穿过钢梁，因此将排烟管布置在其他管道下方，但局部标高过低，且不美观。经过综合考虑，借梁深空间将短而大的排烟风管贴板顶安装，排烟下风口改为侧风口。同时，为尽量给其他管道让出空间，通过参数化建模设计出一体化垂直乙型弯头，可尽量贴墙安装，避免两个直角弯头垂直绕高的复杂工序和空间不足（图 8-11）。

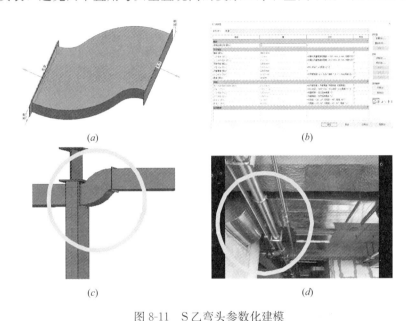

图 8-11　S 乙弯头参数化建模

（a）乙型弯头；（b）乙型弯头参数化；（c）垂直乙型弯头效果图；（d）垂直乙型弯头现场安装图

建立 BIM 模型后，项目部将塔楼 13 层作为样板先行施工。标准层为层高 3.9m 的全钢结构，设计规定风管和水管不能穿过钢梁安装，所以层高扣除楼板及梁深 0.6m 后，净空剩余 3.3m，除去钢梁防火层 0.08m，空调风管贴梁底安装（最大风管含保温加支架，0.4m+0.05m+0.05m=0.5m），最后剩余空间 2.72m，水管、电管与风管交叉部位，都利用梁深进行了避让。在走廊通道仅有 2.3m 宽而各大系统管线密集的情况下，能够将密集管线的安装空间控制在 0.5m 范围内，主要得益于 BIM 技术在优化整合上提供了支持。与传统 2D 图进行管线综合的方式对比，BIM 技术体现了简单易懂、施工可视、直观的优点（图 8-12）。

8.2.2　基于 BIM 的项目级管理平台

本项目工程量大，结构新颖，吊装技术难点多，装配精度要求高，必须提前进行规划与设计，因此在施工过程中建立 BIM 项目级管理平台，实施项目协调管理技术是市场环境和技术革新的需要。在建设全过程中使用 BIM 技术，整合项目的相关信息实现信息共享和传递，使工程技术人员对建筑信息做出正确理解和高效应对，为设计团队以及包括建筑运营单位在内的各方建设主体提供协同工作的基础。

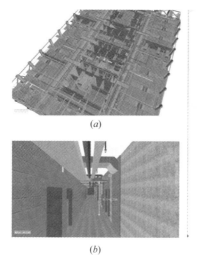
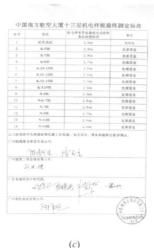

图 8-12 塔楼标准层样板 3D 设计与现场施工标高复测记录

（a）标准层 3D 模型平面效果图；（b）走廊净空标高（风管未含保温、支架）；（c）标准层样板施工标高复测记录

（1）制定项目 BIM 技术标准与实施细则，构建 BIM 项目级管理平台。

①确定使用 BIM 和协同项目管理技术的原则及目标/阶段性目标；

②确定 BIM 技术在各阶段的应用点，包括应用重点与研究性应用点；

③确定软件平台与文件格式；各阶段 BIM 模型的内容与精细度；

④各阶段 BIM 模型的建模规则与验收标准；

⑤文档管理的文件夹结构和权限级别。

（2）可视化的施工系统平台及云端存储平台，实现了节能环保的管理理念。

通过广联达协筑（云平台）及广联达 BIM 5D 软件建立项目施工系统平台及云端存储平台 BIM 信息系统，实现了 BIM 信息系统对工程全寿命期的计划、组织、控制、协调等职能的协同管理，并保证信息的充分共享和有效传递，从而达到提高项目管理效率的目的。

借助计算机网络技术、信息数字化技术和手机 APP 端，将 BIM 与施工进度计划相链接，整合空间信息与时间信息，可以直观、精确地反映整个建筑的施工过程。利用 5D 施工模拟技术可以在项目建造过程中合理制定施工计划、精确掌握施工进度，优化使用施工资源以及科学地进行场地布局，对整个工程的施工进度、资源、安全和质量进行统一管理和控制，以缩短工期、降低成本、提高质量。

8.2.3 基于 BIM 的精细化管理

利用 BIM 技术可视化模拟等特点，对建筑材料的选用、设计方案优化，以及对建筑各方面的性能进行模拟计算。

1. 可视化的施工系统平台

BIM 4D 技术能够为施工进行场地布置、资源配置、路径模拟、科学规划路线等等，保证了施工现场安全、有序。在施工前模拟工程的进展和具体施工操作，一线操作人员通过观看施工模拟学习标准化施工，满足工程质量要求，提高施工效率。特别是难度较大、容易造成工程缺陷的操作，需要员工提前熟悉和学习。通过遵循标准化流程，标准化管理，提高项目效率。

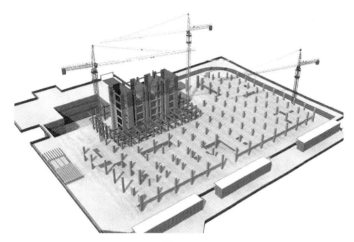

图 8-13　模拟施工总平面

2. 三维可视化设计校审

BIM 模型与实体的一致性，保证设计方案的可行性，提前发现施工存在的问题，保证工程安全、质量、进度。通过 BIM 技术，建筑、结构、机电等专业能在同一平台进行协同设计，可以对模型进行碰撞检测，发现设计过程中的碰撞冲突，从而大大提高了管线综合的设计能力和工作效率。减少设计变更导致的一系列问题，既提高了工作效率和工程质量，又保证了安全生产。并进行信息交互，项目管理者可以随时观察各专业的进度，以便做出调整等，加快工程进度。

3. 可视化的质量、安全管理

施工质量应用——通过运用三维可视化模拟技术，将设计、工前准备、施工、设备、材料和场地使用等通过模拟建造，让各专业在同一平台上进行沟通和协同，各专业的设计和计划遗留空间和实际等问题，通过项目开始前期协同，提早预判减少返工问题全面提升专业的工程质量。

施工安全应用——通过观察模型，可以形象地分析个系统安装风险点，如临设布置、预留孔洞位置、吊装运输路线可行性及安全、优化风管风口与控制柜净空问题；粗放安装导致同一区域紧邻系统碰撞磨损问题等，提早预判减少返工问题全面提升专业的工程安全管理。

通过 BIM 5D 手机移动端，记录质量安全问题，可以完整的记录某处发生的质量或安全问题，并利用平面模型将问题进行直接定位，并记录该问题的状态是进行中还是已完成，做到质量安全整改到位，责任到人。

8.2.4　基于 BIM 的点云空间扫描

为实现高精度、低成本的快速装饰施工，在装修阶段，通过 BIM 技术优化施工图纸、施工工艺，把装饰面层做成装配化和模块化，工厂预制化生产，现场拼接安装，节约材料消耗和人工消耗，减少建筑固体垃圾的排放，从而节约施工成本。根据初步设计图纸材料表，统计出预算造价 4135576.2 元。

为实现装饰面层的装配化与模块化，项目采用了基于 BIM 的点云空间扫描技术（图 8-14），点云扫描需要以最高精度进行扫描，场地比较复杂的情况下需要多设站点进行扫描。扫描模型处理完毕导出通用格式 RCS，最后通过 Revit 模型整合点云文件，从而复核了原有的土建模型。

图 8-14　点云扫描及效果图

空间信息核实后，在此基础上建立精装模型（图 8-15），其模型细度要求 LOD500。根据装修模型进行分区算量后，统计材料明细表，最后委托工厂进行预制加工。

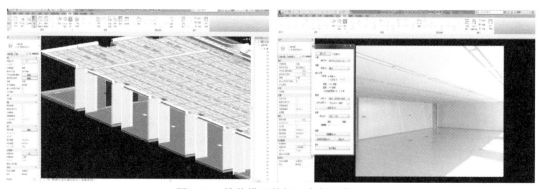

图 8-15　精装模型外部、内部示意图

根据装修模型进行分区算量，统计材料明细表，委托工厂进行预制加工，装修材料运至现场后实现装配化施工（图 8-16）。

8.2.5　"IBMS＋FM＋BIM" 智能化集成平台

在运维阶段，搭建了 "BIM＋FM（Facility management 设施管理）" 系统，实现了空间管理、设备维护、资产管理、能耗监控等，提高运维管理的质量与效率，提升 BIM 运维的增值绩效。

BIM 竣工模型流转并应用于中国南方航空大厦（NH-HQ）的运维管理中，实现项目全生命周期的 BIM 集成应用，包括 BIM 运维信息（空间、设备与资产）的采集与定义、运维管理角色的设定、空间的库存管理与指派、空间预定流程设计、空间利用监测流程设计、设备的定期维护与日常性维护流程设计、基于空间的资产管理流程设计、建筑绩效优化方案与策略设计等，极大提高运维管理的质量与效率，提升 BIM 运维的增值绩效。

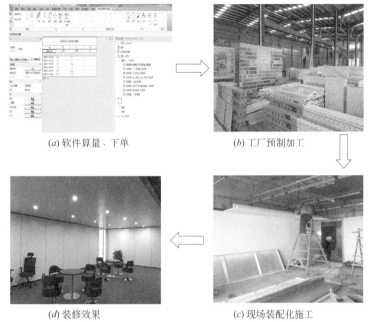

(a) 软件算量、下单　　　　　　　　(b) 工厂预制加工

(d) 装修效果　　　　　　　　(c) 现场装配化施工

图 8-16　装配式装修流程

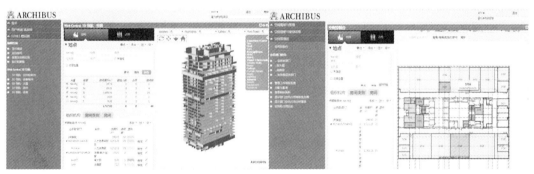

图 8-17　可视化空间库存管理和空间分配

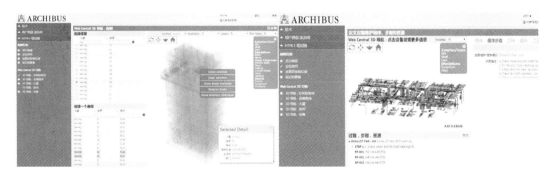

图 8-18　可视化空间预定和设备维护

8.3　效益

（1）南航大厦施工全过程应用 BIM 技术，项目获得了中国钢结构金奖、广东省优质

工程结构奖、广东省新技术应用示范工程，已通过广东省绿色施工示范工程过程评审，并获得优良。

（2）获得发明专利申请 6 项、已授权 1 项；实用新型专利申请 6 项、已授权 6 项；获得广东省省级工法 6 个。

（3）节省了建造费用约 3580 万元，实现了全寿命周期的 BIM 管理，达到了标准化、规范化、绿色环保的管理目标。为在更大范围内推广 BIM 技术的应用打下基础。

8.4 小结

本项目通过引入 BIM 技术，实现了以下目标：

（1）BIM 技术与施工相结合，解决了项目多个施工难题。

（2）虚拟建造及模拟施工，为实际工程的实施提供了强有力的理论依据，降低了项目的风险及节约了施工成本，提高超高层装配式建筑的成优率，达到了项目数字化建造的预期目标。

（3）打造一批 BIM 专业人才，制定了企业 BIM 发展战略，为公司使用 BIM 技术积累了经验，提供新思路，新模式。

第9章 广州东塔项目 BIM 技术应用——基于 BIM 的施工总承包管理系统的开发与应用

9.1 工程概况

广州周大福金融中心项目,原名广州东塔(以下统称"广州东塔"),是华南地区超高层建筑之一,广东省重点工程,广州市新地标、新名片,集办公、生活、休闲娱乐于一体。该项目坐落于广州 CBD 珠江新城核心区中轴线上的 J2-1、J2-3 地块,位于珠江东路东侧、冼村路西侧,北望花城大道,南临广州市新图书馆(图 9-1)。

图 9-1 广州东塔远景图

广州东塔项目建筑总高度 530m,共 116 层,占地面积 2.6 万 m^2,建筑总面积 50.77 万 m^2。其中,塔楼地上 111 层,高 530m,建筑面积 30 万 m^2;裙楼地上 9 层,高 49.35m,建筑面积 10.48 万 m^2;地下室共 5 层,深 28.7m,建筑面积约 10.29 万 m^2。

广州东塔项目由香港周大福金融集团旗下的广州新御房地产开发有限公司组织建设,新世界发展有限公司进行项目管理,中国建筑股份有限公司施工总承包(表 9-1)。广州东塔项目北、西侧市政道路已投入使用,北侧下有地铁五号线;南侧花城南路;东侧靠北段为合景房地产公司用地,靠南段为富力房地产公司用地,正在进行地上结构施工;中间为规划道路,周边地势平整(图 9-2)。

广州东塔项目的参建单位   表 9-1

性质	参建单位	性质	参建单位
建设单位	广州市新御房地产开发有限公司	幕墙顾问	ALT LIMTED
项目管理公司	新发展策划管理有限公司	监理单位	广州珠江工程建设监理有限公司
概念设计师	KPF 建筑师事务所	设计单位	广州市设计院

性质	参建单位	性质	参建单位
建筑设计师	利安建筑师事务所(香港)有限公司	工料测量师	利比有限公司
结构工程师	奥雅纳工程咨询(上海)有限公司深圳分公司	基坑设计单位	华南理工大学建筑设计研究院
机电工程师	柏诚工程技术(北京)有限公司	施工总承包	中国建筑股份有限公司

图 9-2　广州东塔项目周边环境

9.2　BIM 技术应用

9.2.1　BIM 系统研发

"基于 BIM 技术的施工总承包管理系统"以广州东塔总承包工程项目作为载体，进行研发及应用。

广州东塔施工中采用施工总承包管理模式，项目体量庞大，工期紧张，分包众多，进度、图纸、合同等海量信息交互管理困难，各专业协调难度大；业主方为香港企业，采用典型的港资管理模式，即项目建筑、结构、机电、装修等专业设计聘用了十数个顾问公司，增加了总承包管理单位的管理难度，带来很多新的问题，如顾问以概念设计为主（机电、钢结构），具体的施工图及综合图需由总承包单位完成，深化工作量大，时间紧，任务重，涉及专业多；深化设计需要经过十数家顾问的轮流审批，报审流程漫长，图纸追索定位困难，极容易因为图纸审批过程的人为疏漏造成进度延误；顾问公司间各自为战，缺乏协调，设计图纸矛盾众多（标高、定位、尺寸、形态、功能、做法…），修改量巨大，极大增加总包在进度、图纸管理及和各专业协同深化设计中的难度，更增加总包各专业间协调工作量及难度。

开工初期调研发现，现存 BIM 系统多集中于三维模拟展示、进度模拟、工程算量、碰撞检查，且多为单点应用。另外，市面上现有的项目管理软件存在如下问题：

（1）系统或者软件的开发主要通过项目流程梳理的思路开展，在国内各施工企业、各项目的管理链条和管理流程尚未标准化的现状下，通用性极低、很难被广泛的推广应用。

（2）各种专业软件数据格式不统一，信息集成困难。

（3）信息传递被动，更多的需要人为主动的从系统中了解项目实施过程，而系统缺乏对管理工作的主动性提醒、预警。

（4）各个部门实时信息与系统的互动主要以表格填报的形式进行，通过过程记录填报，形成过程文档，文档数据量庞大，不能及时得到梳理，文档信息间也缺乏关联，不同部门间的各种信息仍然相对独立，容易形成信息孤岛，信息不能有效及时的传递。

当时国内外尚未有成熟的 BIM 系统和管理软件产品能满足施工总承包过程中的综合建模、施工模拟、全专业碰撞检查、进度过程管控、工作面管控、图纸管理、工程算量、成本核算、合约商务管理、劳务管理、运营维护等技术和管理需求，亟需研究开发一款满足施工总承包管理领域各项业务需求的 BIM 系统，打通各项技术和管理功能。基于以上，选择自主开发 BIM 系统，即"基于 BIM 技术的施工总承包管理系统"作为本项目的解决方案。

"基于 BIM 技术的施工总承包管理系统"以进度计划为主线，以建筑信息 5D 模型为载体，以成本为核心，在建筑信息模型中不同深度地集成施工总承包管理中的全专业、全业务海量信息，并快速灵活的提取应用；通过多维度的信息交互、工作任务的自动分派、时效内容的自动提醒及预警、数据积累等功能和方法，实现基于 BIM 系统的施工总承包项目进度、工作面、质量、安全、图纸、合约、成本、工程量、碰撞检查、劳务、运维等的数字化、精细化管理。

从系统通用性出发，弱化项目管理业务流程，强调系统的数据流，用模型和信息将整个系统的项目管理串联起来，即使不同管理链条、不同业务流程的项目也适用该系统。

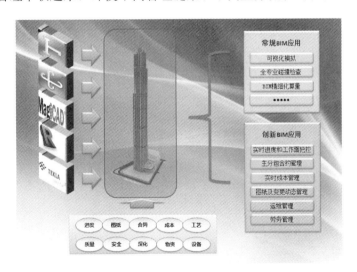

图 9-3　BIM 系统架构

9.2.2　常规 BIM 应用

1. 模型集成与版本管理

将各专业建立的模型文件（钢结构、机电、土建算量、钢筋翻样）导入 BIM 平台，以此作为 BIM 模型的基础，也是 BIM 应用的基础模型。

系统在模型集成方面取得了较大突破，土建专业建模以满足商务土建翻样和算量的要求为标准，采用广联达算量软件建模；钢结构深化设计采用 Tekla 软件建模；机电深化设计采用 Magicad 软件建模。系统将各专业软件创建的模型按照本项目特有的编码规则进行重新组合，转换成统一的数据格式，形成完整的建筑信息模型，并提供统一的模型浏览、信息查询等操作功能，提升了大模型显示及加载效率，实现了超高层项目或其他建筑面积体量大项目 BIM 模型整合应用。

版本管理可将变更后的模型回溯到原有模型，产生不同的模型版本，平台默认显示最新版本模型。更新模型时，可以通过设置变更编号作为原模型与变更后模型的联系纽带，实现可视化的变更管理。在变更计算模块，通过选择变更编号以及对应的模型文件版本，可自动计算出变更前后模型量的对比，便于商务人员进行变更索赔。

2. 三维可视化的施工模拟交底

BIM 平台采用国际 BIM 数据交换标准，实现了各专业建模软件的模型集成和整合，并提供统一的模型浏览及复杂节点和关键部位的施工模拟交底。

系统具备漫游、旋转、平移、放大、缩小等通用浏览功能，并对模型进行视点管理，即在自己设置的特定视角下观看模型，在此视角下对模型进行红线批注、文字批注等操作，保存视点后，可随时点击视点名称切到所保存的视角来观察模型及批注。最后，还可以根据构件类型、专业、所处楼层等信息快速检索构件。模型中还可以根据需要设置切面对模型进行剖切，展示复杂节点中各专业的空间逻辑关系。

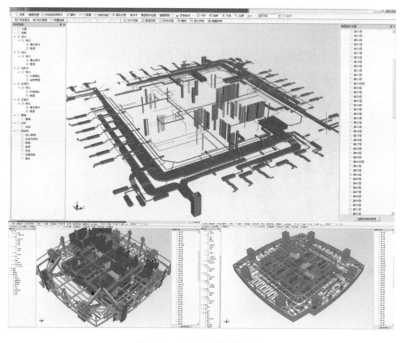

图 9-4　系统中模型展示

3. 中各业务信息的多维度快速获取

根据专业、楼层，快速获取指定构件的属性信息（材质、强度、配筋、混凝土标号、厂家、生产日期等），还可快速获取构件相关进度信息、图纸信息（指令内容、图纸版本、变更情况等）、工程量（模型算量、清单工程量、分包报量）、成本等一系列的信息。

如图 9-5 所示，进入平台查看模型，选择钢结构柱构件后，我们可以通过点击"属性"按钮查看巨柱的属性信息，包括材质、强度、配筋、混凝土标号等。点击工程量按钮可以查询该巨柱所用的钢板规格及数量。点击"查看图纸"，可以查询与该构件相关的所有图纸及其附件，还可以按照栋号、楼层、专业、构件类型等过滤条件快速选择自己所需要的模型。

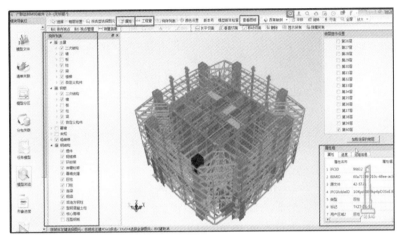

图 9-5　多维度查询

4. 深化设计及碰撞检查模块

利用本系统深化设计功能，可将平面二维图纸转为生动形象的三维可视化模型，尤其是机电综合管线 CSD 图、钢结构复杂节点以及土建、钢结构、砌筑、机电等各专业间的综合深化设计（图 9-6，图 9-7），管线的长短、走向、标高、碰撞一目了然，钢结构复杂节点的连接形式更加直观具体，单专业及各专业间的设计更优化，机电管线及钢结构构件下料更精准，避免现场二次加工及设计错误引起的返工。

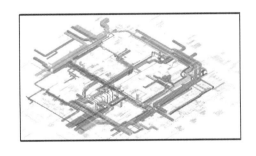

图 9-6　机电专业深化设计　　　　　图 9-7　钢结构专业深化设计

BIM 系统融合各专业深化模型的海量信息及数据，实现多专业整体模型的深化设计及可视化展示（图 9-8）。根据专业、楼层、栋号等条件定义，对指定部位的指定专业间或专业内进行碰撞检查，实现了不同专业设计间的碰撞检查和预警，直观显示各专业设计间存在的矛盾，从而进行各专业间的协调与再深化设计，避免出现返工、临时变更方案甚至违规施工现象。

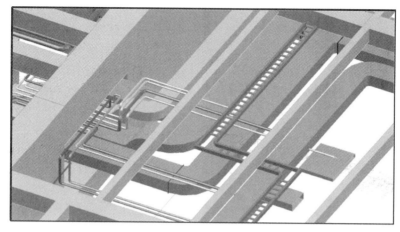

图 9-8 多专业综合深化设计

例如，在二次结构及机电安装专业施工前，可进行这两专业的碰撞检查，对碰撞检查结果进行分析后，对机电安装专业进行再深化，避免实际施工过程中出现的开洞或者返工等现象，也可以为二次结构施工批次顺序的确定提供有效的依据。

在 23 层桁架层的通过碰撞检查辅助深化设计，在传统的深化设计方案确定后，通过BIM 模型进行验证，发现依然存在机电管线碰撞问题 300 余处，其中，重大问题 7 处。为深化设计团队提供三维可视化的界面参考，进行再次深化设计（图 9-9）。

图 9-9 碰撞检查界面

5. 快速获取工程量，便于现场物料管控

现场施工管理人员可以按楼层、进度计划、工作面及时间维度查询施工实体的相关工程量及汇总情况，包含土建、钢筋、钢结构等专业的总、分包清单维度的工程量汇总及价格，为物资采购计划、材料准备及领料提供相应的数据支持，有效地控制成本并避免浪费

（图 9-10）。例如，物资人员可以根据目前现场施工进度，结合进度计划，查询到接下来一个月现场施工安排以及模型情况，在模型中，可以直接获取材料工程量，便于对未来一个月的材料进场进行安排，还可以查看清单价格及模型量总价，可以逐渐培养各现场管理人员的商务意识和成本意识。

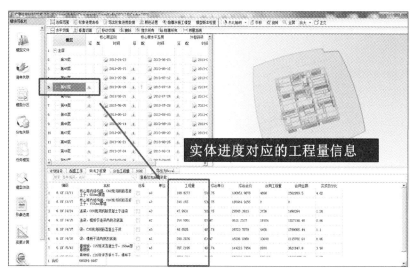

图 9-10　实体进度对应的工程量查询

9.2.3　创新 BIM 应用

1. 全过程信息与模型的关联集成

通过关联规则及编码，系统将进度计划、实际进度、工作面、合同、成本、图纸、质量安全问题等施工全过程信息与对应的 BIM 模型构件及分区关联集成，并将模型、数据、文档分块存储、集成应用（图 9-11、图 9-12）。形成以模型为载体，各专业各部信息互通互联的统一体，为施工总承包管理各环节的过程管控提供了详实的数据支撑图（9-13）。

图 9-11　图纸依据相应属性与模型关联

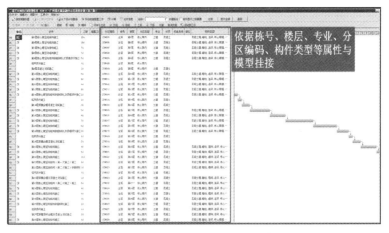

图 9-12　进度依据相应属性、编码与模型关联

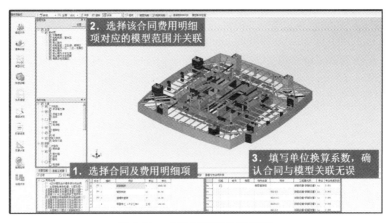

图 9-13　合同与模型关联详细

在 BIM 模型上建立分区，利用分区和其他属性值的方式将进度计划与 BIM 模型双向关联。如图 9-14 为结构专业的分区，图 9-15 为机电的分区。

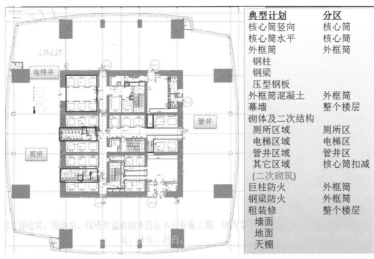

图 9-14　结构专业分区示意图

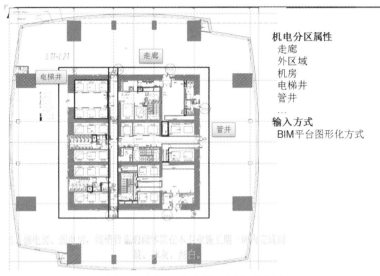

图 9-15　机电专业分区划分示意图

（1）结构专业 BIM 模型关联属性

土建专业模型的进度关联属性包括：栋号、专业、分区、楼层、分项、构件类型、施工批次（图 9-16），结构专业中的关联属性的输入方式及规则见表 9-2。

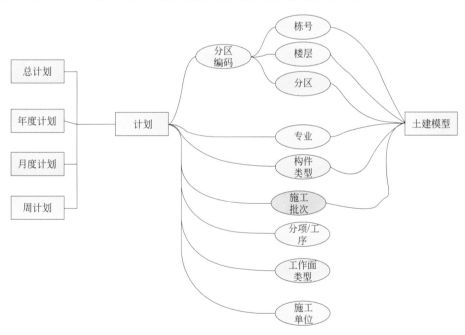

图 9-16　土建专业模型关联属性示意图

结构专业关联关系表　　　　　　　　　　　　　　　　　　　　表 9-2

序号	属性	土建 GCL	钢构 Tekla
1	栋号	文件属性	文件属性
2	楼层	建模时输入	根据构件编码确定

续表

序号	属性	土建 GCL	钢构 Tekla
3	分区	BIM 平台划分	BIM 平台划分
4	专业	根据系统确定	根据系统确定
5	主支立末	不需要	不需要
6	天地墙	只有二次结构部分需要吊顶、墙面、地面构件	不需要
7	预留预埋（预留）	不需要	不需要
8	类型/部件设备名称	构件属性	构件属性
9	材质	构件属性	构件属性
10	规格型号/管径	构件属性	构件属性
10	规格型号/管径	构件属性	构件属性

（2）机电专业 BIM 模型关联属性

机电专业进度计划与 BIM 模型关联的主要属性包括：栋号、分区、专业、系统、管道类型（主支立末）、结构部位（天地墙）、分项、施工单位等（图 9-17），机电专业中的关联属性的输入方式及规则见表 9-3。

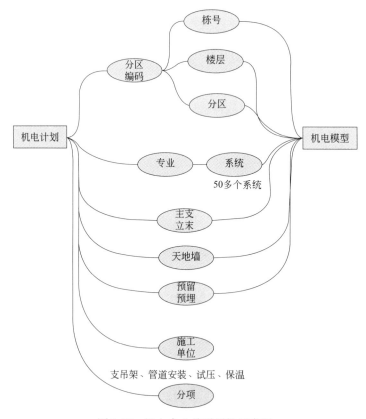

图 9-17　机电专业关联属性示意图

机电专业关联关系表　　　　　　　　　　　　　　　　　　　表 9-3

序号	属性	给排水 MagiCAD	电气 GQI	暖通 MagiCAD
1	栋号	文件属性	文件属性	文件属性
2	楼层	建模时输入	建模时输入	建模时输入
3	分区	BIM 平台划分	BIM 平台划分	BIM 平台划分
4	专业	根据系统确定	根据系统确定	根据系统确定
5	主支立末	状态属性	构件属性	状态属性
6	天地墙	用户变量 1	构件属性	用户变量 1
7	预留预埋(预留)	用户变量 2	构件属性	用户变量 2
8	类型/部件设备名称	构件属性	构件属性	构件属性
9	材质	构件属性	构件属性	构件属性
10	规格型号/管径	构件属性	构件属性	构件属性

2. 进度管理模块

（1）三维动态的实体进度展示

通过每日实体工作在系统进度中的录入以及系统中进度计划与模型的关联挂接，创新性的实现现场实时进度的三维动态展示（图 9-18）。管理人员可以通过三维模型视图实时展示现场实际进度，获取任意时间点、时间段工作范围的 BIM 模型，有利于施工管理人员进行针对性工作安排，尤其有交叉作业及新分包单位进场情况，真正做到工程进度的动态管理。

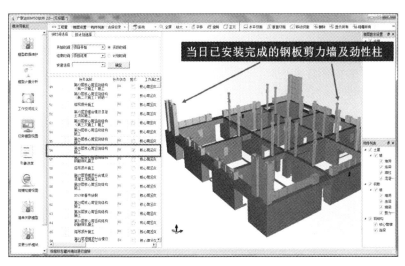

图 9-18　三维动态展示

（2）及时获知进度计划各任务项相关配套工作开展情况

东塔 BIM 系统创新提出"实体工作包"和"配套工作库"的定义，将具有一定施工工序的实体工作以及具体实体工作背后关联的所有配套工作根据逻辑关系模块化、标准化，与进度相关的所有标准化的实体工作及关联的配套工作被积累存储，并赋予与模型构件相同的身份属性，实现与模型构件的对应关联，使得管理人员实时掌握所有实体工作所对应配套工作的进度情况，将进度管控延伸至总包管理的每一项具体工作，实现了更加精细的进度管控。

"实体工作包"将工序级任务按照具体的工序或者逻辑关系整理成多个实体工作模块，包含工作任务、资源情况、功效分析等数据，便于在创建施工进度计划的时候能够快速套用实体工作包生成合理的进度计划。例如图 9-19 中所示，每个带双层劲性钢板剪力墙的标准层的施工工序主要包含了钢板墙的吊装、校正、焊接、探伤、墙柱钢筋的绑扎、顶模顶升、合模、混凝土浇筑等多道工序，每道工序施工的先后顺序、完成时间相对固定，可以打包成一个标准的施工模块，并在进度编制的过程中快速链接，批量复制。

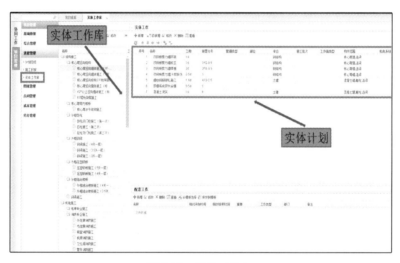

图 9-19　实体工作包

"配套工作库"是实体工作任务背后所对应的所有配套工作（方案编制、深化设计、图纸报审、材料采购、设备进场等），与进度计划任务项进行挂接，通过进度的发展状况将配套工作管理起来。如图 9-20 中所示，"结构施工"是一道实体工作，与其对应的配套工作包含钢结构、模板、钢筋、混凝土的供应商招标、加工制作、进场验收等，这些工作内容完成时间、负责部门、相互之间的逻辑关系相对固定，可将其定义为一个标准的模板库，在计划编制的过程中与实体工作挂接，在实体工作发生前的一段时间内，通过自动推送、实时提醒等功能，保证所有责任部门了解即将开展的具体工作。

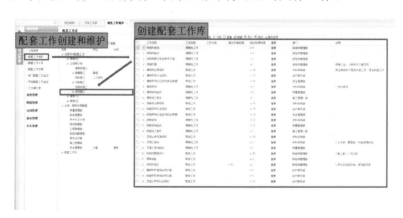

图 9-20　配套工作库

BIM 系统将与进度计划挂接的配套工作，根据职责分工自动分派到相应部门（图 9-21），再由部门负责人落实至具体实施人，实现切实可行的进度计划。系统会对责任人进行配套工作的提醒和预警，保证现场管理工作及时、按时完成。同时，通过施工日报对现场实际进度的反馈，实现了计划和实际的对比，可以依据配套工作完成情况追溯计划滞后、正常、提前的原因，真正实现责任到人的精细化管理。

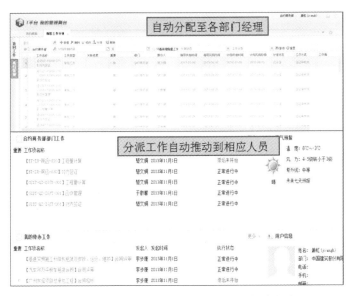

图 9-21　工作自动分配到部门经理及相关人员

通过对实体工作及配套工作的实时管理，项目成员均能通过模型去选择任意构件，查询相关施工任务开展情况及配套工作开展情况。如图 9-22 所示，点击一根梁模型，查看该梁施工任务目前已全部滞后完成，配套工作均已完成。

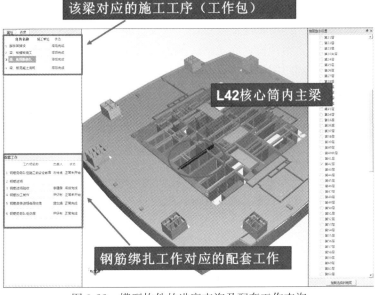

图 9-22　模型构件的进度查询及配套工作查询

项目积累了实体工作包 70 多个，包含具体实体工作 336 种；积累了配套工作包 60 多个，包含具体配套工作 418 种。随着项目开展及其他项目的不断累积，逐渐形成企业的工作标准库，可在其他项目中进行广泛的复用。

（3）关键节点计划偏差自动分析和深度追踪

通过施工日报反馈进度计划，在施工全过程进行检查、分析、时时跟踪计划，实现进度计划与实际进度的实时对比，相关人员可以通过偏差分析功能查看实际进度与计划进度的偏差情况，并可追踪到具体偏差原因，实时掌握实体工作及配套工作之后情况，便于在计划出现异常时及时对计划或现场工作进行调整，保证施工进度和工期节点按时或提前完成（图 9-23）。

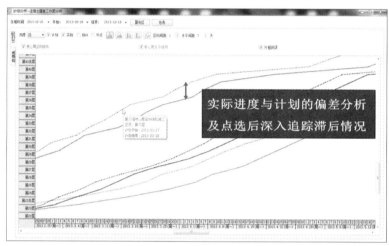

图 9-23　进度对比分析

（4）个人工作任务及时提醒

基于 BIM 的项目管理系统根据各部门职责自动推送配套工作给各部门负责人，部门负责人将工作分派给具体执行人，配套工作分派后，被分派人在自己的项目管理系统界面会有自动提醒，做到每个人的工作均自动台帐管理。通过系统的时效设置，及时自动提醒各项工作的开展，并对滞后工作做出预警，成功解决了施工现场实际工作中个人配套工作处理遗忘遗漏造成的损失、以及各部门间人员协调配合不到位造成的现场进度失控问题（图 9-24）。

图 9-24　个人工作提醒

3. 工作面管理模块

本系统中引入工作面管理概念，根据不同阶段各专业的施工范围、管理内容及管理细度等需求，灵活划分管理区域。在工作面管理中，可以通过 BIM 系统直观展示现场各个工作面施工进度开展状况，掌握现场实际施工情况，并跟踪具体的工序级施工任务完成情况、配套工作完成情况以及每天各工作面各工种投入的人力情况等。同时，系统支持随时追溯任意时间点工作面的工作情况，也可以查看各工作面对应的配套工作详细信息及完成情况。在各工作面上根据需要显示不同的时间，例如可以显示计划开始时间、计划结束时间、实际开始时间、实际结束时间、偏差时间等等，可以直观展现各工作面实际工作情况与计划的对比。工作面管理的实现，为项目上协调各分包单位有效合理的开展施工工作提供了有力的数据支持，实现项目精细化管理。

BIM 项目管理系统设置了工作面交接管理台帐，针对每一次的工作面交接进行记录，包括工作面名称、交接日期、楼层、专业、交接单位、总包代表、工作面交接质量安全情况等诸多信息。从而做到随时追溯，随时查询的效果，为协调和管理分包的施工工作开展提供有效的数据支持。例如，当二次结构进场准备开展施工工作前，首先要对准备开展工作的工作面与主体结构单位进行交接，明确以后该工作面包括安全防护、建筑垃圾清理在内的工作归属，并签订工作面交接单，总包单位代表见证，将工作面交接单录入 BIM 系统留档，随时可以进行查询追溯工作范围归属，避免造成纠纷，便于分包管理和协调工作（图 9-25）。

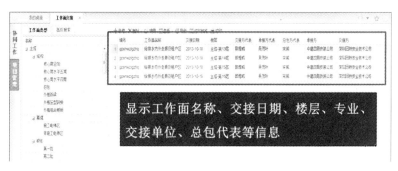

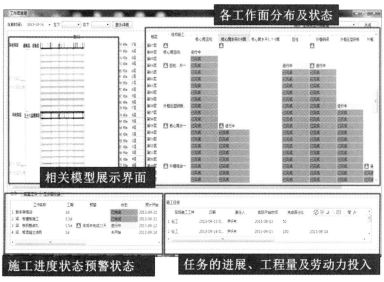

图 9-25　工作面查询

4. 图纸管理模块

BIM 系统图纸管理模块实现图纸与 BIM 模型构件的关联，可以快速查询指定构件的各专业图纸详细信息，包括不同版本的图纸、图纸修改单、设计变更洽商单、技术咨询单以及答疑文件等等。在与图纸关联后的 BIM 模型中，提醒变更部位及产生的影响，包括提醒有变动、提醒变动内容、和工程量、提醒是否已施工、提醒配套工作完成进度等，可以更高效准确的完成图纸变更相关施工。同时，针对相关专业的深化图纸还有申报状态的动态跟踪与预警功能。高级检索功能可以在海量的图纸信息中，根据条件快速检索锁定相应图纸及其信息，图纸申报管理中功能相同。

BIM 系统的图纸管理模块实现了模型构件与图纸的三维空间图纸台账，可以快速查询指定构件的各专业图纸详细信息，包括不同版本的图纸、图纸修改单、设计变更洽商单、技术咨询单以及答疑文件等等。

在与变更图纸关联后的 BIM 模型中，系统能够提醒变更部位及产生的影响，包括提醒有变动、提醒变动内容、和工程量、提醒是否已施工、提醒配套工作完成进度等，可以更高效准确的完成图纸变更相关施工。

针对海量机电、钢构及专业分包深化图纸数量大、报审流程长、审批过程跟踪困难等问题，设计申报状态的动态跟踪与预警功能，实时跟踪深化图纸的申报送审过程，并自动生成分类分析统计台账。

高级检索功能可以在海量的图纸信息中，根据条件快速检索锁定相应图纸及其信息，图纸申报管理中功能相同。我们可以想象，当传统图纸管理模式下，要查询某一部位的详细做法可能需要同时找到十几张图纸对照查看，这至少需要 2~3 人花费大概 1h 的时间才能完成，而 BIM 系统中的图纸管理模块的应用，只需要在高级检索中输入条件即可查到，支持模糊搜索，极大提高了检索效率，更是节约了大量的时间和人力。

项目开发 BIM 系统图纸模块，将每次业主下发的施工图纸录入系统，针对每张图纸进行版本管理，同时录入相应的图纸修改单等附件，形成图纸管理台账，项目部所有工作人员，在 BIM 系统平台随时根据各自需要查询相关图纸（图 9-26）。

图 9-26　快速查询图纸及图纸相关资料

BIM 系统图纸管理实现对海量多专业图纸的清晰管理，实现了相关人员任意时间均可获得所需的全部图纸信息的目标。BIM 系统图纸管理具有如下特点：

（1）图纸信息与模型信息一一对应。表现在任意图纸修改都对应模型修改，任意模型状态都能找到定义该状态的全部图纸信息。

（2）BIM系统内的图纸信息及时更新。根据BIM系统工作流程，施工单位收到设计图纸后，由模型维护人员先录入图纸信息，并完成对模型的修改调整，在推送至其他部门，包括现场施工部门及分包队伍，用于指导施工，避免出现用错图、旧版图施工的情况。

（3）系统中记录的全部图纸的更新替代关系明确。不同于简单的图纸版本替换，全部的图纸发放时间、录入时间都是记录在系统内的，必要时可供调用（办理签证索赔等）。

（4）BIM系统的图纸管理是全专业的。各专业图纸往往分布在不同的职能部门（技术部、机电部、钢构部），查阅图纸十分不便。BIM系统要求各专业都按统一的要求录入图纸，并修改模型。在模型中可直观的显示各专业设计信息。见图9-27和图9-28。

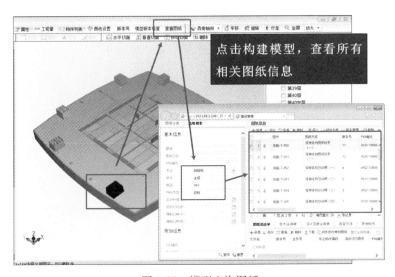

图9-27 模型查询图纸

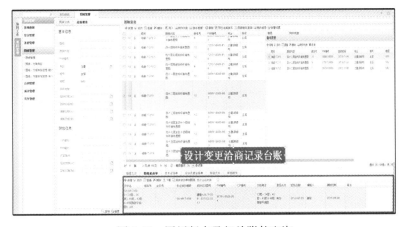

图9-28 图纸版本及相关附件查询

5. 合同与成本管理模块

根据需要随时查看总包合同、各劳务分包合同、专业分包合同以及其他分供合同信息以及合同内容，便于现场管理及成本控制。BIM 模型可以实现工程量的自动计算及各维度（包括时间、部位、专业）的工程量汇总。系统将 BIM 模型与总、分包合同单价信息关联，在模型中可针对具体构件查看其工程量及对应的总、分包合同单价和合价信息（图 9-29）。

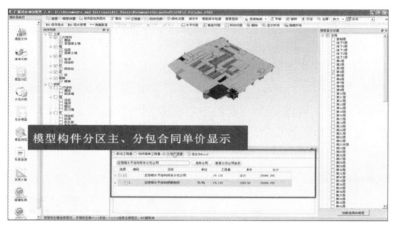

图 9-29　模型的总分包合同清单查询

报量（包括业主报量和分包报量）时，可根据进度计划选择报量的模型范围，自动计算工程量及报量金额，便于业主报量的金额申请与分包报量的金额审批。总包结算与各分包结算同样可以在 BIM 系统中完成。另外分包签证、临工登记审核、变更索偿等功能均可在 BIM 系统中实现。

BIM 项目管理系统中可以自动进行成本核算，自动核算出某期的预算、收入和支出，实现了预算、收入、支出的三算对比，可以直观通过折线图进行查看成本对比分析和成本趋势分析，更直观、更准确、更方便（图 9-30）。

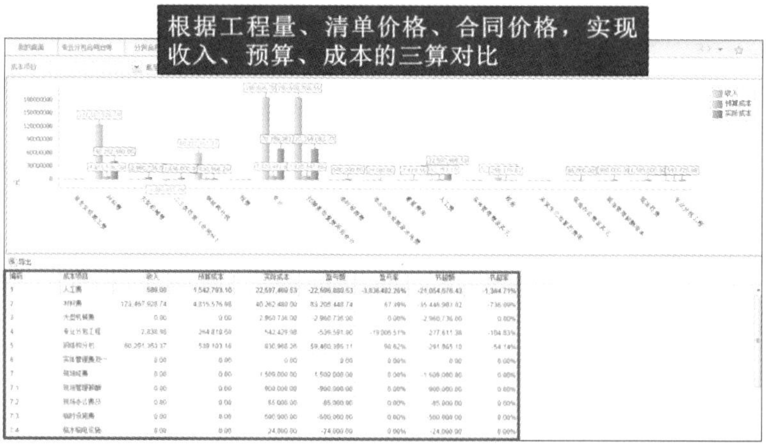

图 9-30　三算对比

6. 运维管理模块

BIM 模型包含构件、隐蔽工程、机电管线、阀组等的定位、尺寸、安装时间、以及厂商等基础数据和信息（图 9-31），在工程交付使用过程中，便于对工程进行运维管理，出现故障或情况时，提高工作效率和准确性，减少时间和材料浪费以及故障带来的损失。

图 9-31　设备运维信息查询

系统可兼容多款机电 BIM 建模软件，在 BIM 集成模型中可对各专业管道内风、水系统流向性进行重新计算和设置，通过风、水系统的流向进行影响区域的分析，便于运维人员根据影响区域实际情况制定维修方案（图 9-32）。

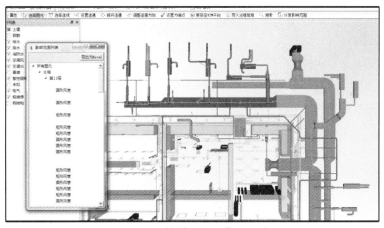

图 9-32　管道流向性信息查询

7. 劳务管理功能

系统对现场劳动力的数量、工种、进出场情况、工人信息、工人出勤信息进行了统一的管理，既可以保证施工现场安全交底的落实以及进度计划的完成，也可以有效解决和避免一些劳务纠纷，便于协调解决工人与工人之间、各分包与分包之间存在的一些纠纷和问题。在进度管理方面，了解掌握每天现场各工作面的劳动力人数、分包单位、工种等信息，可以更好的进行现场进度计划的调控，也可以对各分包单位进行评价，将表现合格的分包商列入合格分包商库，便于以后分包商的选择和再次合作。

9.3　效益

（1）数据积累：开创了国内超高层施工应用 BIM 集成数据库的先河，摸索出切实可行的 BIM 实施方法，形成企业内部大数据库，可复制推广到其他项目。

（2）工期提前：实现"目标设定-模拟优化-跟踪对比-分析调整"的完整进度管控流程，对现场进度管理工作带来显著成效，实际工期比原计划提前 90 天完成，主塔楼标准层施工平均 4.5d 一层，预估节约人机成本 1800 万元（保守估计人机每天 20 万）。

（3）管理提升：改变沟通方式提高沟通效率，实时收集和共享各业务信息，直线沟通方式减少会议 20％以上；工作面管理有效解决不同专业分包在同一个工作面的交叉作业管控难题；缩短成本核算周期，由按季度执行缩短为按月执行；减少工程量审核/申报工作量，原来 10 个预算员尚不能及时完成阶段审核可由 3 人一周内完成审核；提高图纸查询效率，模型、图纸、变更建立关联，快速准确定位所需图纸（东塔已有上万份图纸，700 多份变更）。

（4）成本节约：主要从精准下料、碰撞检查、管理成本、数据和信息实时化、采购和领料等达到控制成本的目标，如碰撞检查及机电深化设计，提前发现重大问题 36 处，并及时作出更正，间接避免了现场返工拆改带来的损失约 200 万元；项目的材料损耗率皆低于 3％，低于行业基准值 30％～35％；保守估计节约成本 4050000 元。

（5）技术提升：通过 BIM 技术大幅提高施工技术水平，如顶模与外框钢结构施工稳定保持 4～5 层的高差，而一般行业水平为 5～8 层，施工节奏更紧凑。

（6）品牌效应：作为国内首个基于 BIM 的项目管理系统的成功应用项目，东塔成为国内施工总包基于 BIM 的项目管理标杆项目，获得多此获奖，并作为行业交流的典范案例。

（7）人才培养：为企业培养"BIM＋工程"复合型人才，以项目部原班人员作为 BIM 培养对象，成为企业 BIM 的人才培养基地。多位项目实施参与者、管理者成为企业 BIM 关键人才。

第三篇

BIM 技术应用指南

第 10 章 BIM 应用基础

为了更好地理解建筑信息模型（BIM）技术，在项目中顺利实施 BIM，本章简要介绍了 BIM 技术的部分关键内容，包括数据互用，协同方式、模型管理等，其中数据互用作为 BIM 技术的核心，其重要性不言而喻，因此在本章作为首要问题进行阐述。BIM 模型内集成的数据为工程应用提供支撑，需要能在不同的应用程序之间进行任务切换，实现数据交换，以及工作流程的无缝衔接，进一步达到项目全流程的自动化。

其他协同方式、模型管理、文件结构和命名等内容，其他相关内容可参考有关资料，该部分侧重了 BIM 应用的基础，也就是为了实施 BIM 须在前期构建的应用环境，本章选择主要内容进行介绍，为进一步掌握后续指南内容提供帮助。

10.1 数据互用

10.1.1 模型转换分类

传统方式下，建设行业的信息沟通基本依赖于二维图档，三维模型主要是 DXF、IGES、SAT 等格式的几何模型，其数据格式主要是 DXF、IGES、SAT 等。这些格式转换已较为成熟，在多个软件之间交换几何模型，也早已实现。BIM 模型的转换难度比较大，因为 BIM 模型更加关注的是模型对象内含的属性、行为等信息。

BIM 应用层面分为三种，分别是工具类、平台类和环境类。要在这三个层面上实现数据互用，需要不同的解决方式。最常见的交换问题来自直接面向用户的工具类和平台类。工具类之间的数据交换比较直接，多借助数据接口或是第三方软件来实现。由平台类向工具类的单向传递，采用 MVD 进行。通常这个过程不可逆，比如从设计平台导出数据进行性能分析，分析结果反馈给用户后，需要用户根据结果手动更新原始模型。而平台类模型之间转换难度较大，不同的平台系统对模型的定义和规则都不同。要实现不同平台的模型无缝对接，还需要很多的工作要做。

要注意的是，在模型转换过程中，往往不是简单的格式转换，还涉及模型的专业性处理。比如从设计平台输出结构分析模型，对模型进行专业的简化和合理的力学假设处理都依赖相关专业知识。在 BIM 模型应用上，数据互用性成为重中之重。

10.1.2 数据交换方式

1. 直接转换

这种方式最为直接，通常借助应用程序接口实现。获取各应用的数据格式后，用户自行开发程序达到模型传递的目的也是可能的。这方面的例子有 ArchiCAD、Revit 等，均通过其 API（Application Programming Interface，应用程序编程接口）编写接口进行数据转换。这种方式的数据交换，在程序版本升级后也要同时做接口的更新维护。

2. 专有交换格式

这种方式多运用在几何数据交换，比如欧特克的 DXF 格式、ACIS 软件的内核 SAT 格式、3DStudio 的 3DS 等，往往用户很难自行对该种格式的读写，要依赖该公司提供的数据接口。

3. 公共数据交换格式

典型的有 IFC 和 CIS/2，都是国际公认的数据标准，其中 IFC 最为重要，作为 BIM 数据交换的标准得到普遍认可，IFC 采用 EXPRESS 语言和定义，是一种可扩展的框架模型，从可行性研究和规划、设计、施工、到运维。而 CIS/2 主要用于钢构设计、分析和制造，由美国钢构协会支持。

10.1.3　数据标准

工业基础类（IFC）是一个架构，一个可扩展的数据表示法，它描述了建筑设计、施工、运维等信息。IFC 格式的模型对象都有其相关的对象类型和相关的几何形体、联系和属性。除了构件，IFC 还具有过程对象，用来描述建筑施工的工作流程，分析从建筑几何提取的几何对象，分析输入和结果。IFC 架构分为四个层次，由下至上依次为资源层、核心层、共享层、领域层，各层的描述如下：

资源层：描述独立于具体建筑的通用信息，不针对具体专业，是可重复使用的结构，譬如几何、拓扑、材料、视图、属性等。

核心层：定义数据文件模型结构和概念，将资源层的内容用一个整体框架有效组织起来，相互联系。

共享层：定义用于项目各领域的通用概念，各专业信息交互问题。

领域层：定义不同领域特有的概念和信息实体，各专业的专门信息。譬如，结构单元和结构分析扩展、建筑、电气、暖通空调和建筑控制单元扩展等。

这四个层级关系，资源层囊括了最为具体的基础数据，提供给上层使用，上层则根据专业等分类、提取、重组、使用这些基础数据。用户利用 IFC 这种中间文件格式，可实现不同 BIM 软件之间模型的传递以及协作。所以对 IFC 具备一定基础知识，将有助于 BIM 人员理解建筑信息模型对象的构成，正确掌握 BIM 技术和使用相关软件。

10.1.4　其他标准

IFC 解决不同软件的数据交换问题，进而延伸另一方面的应用，用来改善工作流程、简化中间步骤。基于 IFC 层面之上，开发出来的模型视图定义（MVD），用以支持完成具体任务的信息交付。MVD 是一个特定子集所涉及的所有 IFC 概念，其目标是定义有效的 IFC 交换，使工作流程运作更流畅。IFC 的信息含量非常丰富，但也是高度冗余的。对于特定的任务或交流，采用 MVD 确定了输入输出的数据，并消除不匹配的相关信息和假设。

信息交付手册（IDM）标准定义了实际的工作流程和所需要交互的信息，其目标在于将针对全生命期某一特定阶段的信息标准化，并将需求提供给软件方，与公开的数据标准映射，形成最终解决方案。

IDM 与 MVD 共同构成信息交互框架。IDM 是针对项目流程和实际需求的信息集合，而 MVD 是基于一定功能的由软件支撑的数据模型子集。在 BIM 软件中，IDM 定义所需的信息交换，再通过 MVD 将 IDM 定义依据逻辑关系整合到软件的模型视图中。

10.1.5　促进数据互用的做法

一个项目 BIM 实施涉及不同软件之间进行数据传递，建议：

（1）尽量以同一软件开发商的系列软件产品为主要工具，必要时补充其他软件产品作为辅助，利于数据无缝对接；

（2）如果同一产品系列软件不能满足工程需要，可根据各方具体需求和特点选用多种 BIM 软件进行组合，但是各方软件的基础数据模型应遵循同一标准，保证各方之间的数据交换；

（3）明确选用的软件、硬件系统的要求和限制，准备需要交换的 BIM 数据；

（4）具备一定的程序开发能力，以应对数据交换过程中出现的信息错漏等问题；

（5）应使用多个案例进行测试，以确保交换过程能保持数据的正确性和完整性。

10.2　协同要求和措施

10.2.1　协同要求

BIM 实施过程中的协同要求表现在专业协同、过程协同、多参与方协同等方面，下面分别阐述。

1. 专业协同

专业协同主要指建筑、结构、机电等专业之间为保证模型的协调一致而采取的工作机制。项目 BIM 模型通常按各专业创建自己的 BIM 模型，在信息沟通不畅的情况下常会出现模型冲突的现象。此时需要建立一套协调机制，借助软件平台等技术手段，来实现专业协同。

2. 过程协同

过程协同主要指以时间为主轴，项目实施的工作程序能够紧密流畅的高效运作而采取的一系列科学合理的规划措施。前后工作安排要科学统筹，避免工作无法衔接或内容重复造成延迟工期、浪费的现象。

3. 多参与方协同

多参与方协同主要指项目涉及的各方人员，包括业主、设计、承包等，为高效实施工程建设而制定的协同机制。尤其对大型复杂项目，参建单位较多，各方的需求和特点不同，BIM 模型应对具体要求做出准确响应，将多方人员和单位有效组织起来，协调管理，积极高效运作工程项目的建设。

10.2.2　具体措施

协同性是 BIM 技术的一大优势，在实施 BIM 过程中可采取以下措施：

1. 技术方面

（1）构建 BIM 协同平台，BIM 协同借助网络等信息技术，实现多参与方对 BIM 文件和过程实时管理。网络条件受限时，可采用搭建项目服务器方式，实现一定时间间隔同步项目管理平台数据的协同方式，项目管理单位使用云端管理协同平台项目数据；

（2）制定明确的指导原则，以保证电子数据的完整性。

（3）以书面方式或利用文档管理系统记录建模内容、细度要求等。

（4）根据不同专业之间（或单个专业内）软硬件条件合理拆分模型。

（5）对模型的所有修改都应通过三维方式，以保持模型的完整性及同步更新。

2. 管理方面

（1）为项目指定总控方，明确各方的权责，检查各方的 BIM 成果和汇总、管理；

（2）项目实施前，制定科学的 BIM 策略，确定关键的项目任务、输出成果和模型配置；

（3）定期进行 BIM 项目会审，以确保模型的完整性并维护项目工作流。

10.3 模型管理

10.3.1 模型细度

项目全生命期 BIM 实施，BIM 模型是一个动态的、信息逐步扩展的过程，从项目策划、概念设计、方案设计、初步设计、施工图设计、到施工和运维，各阶段的模型要求都不同。

确定各阶段的模型细度，应从具体应用需求出发，不应盲目追求大而全。在具体实施上，本指南遵循国标《建筑工程设计信息模型交付标准》等对各阶段各专业模型细度做出的规定执行。

10.3.2 建模基础

实施 BIM 技术很大程度依赖模型的可用性，采用良好的建模方法，制定规则对 BIM 模型的创建、更新和维护都有积极作用。参考相关资料推荐的模型深化方法，可支持快速建模，并可以在较低的硬件配置上创建较大的模型，例如主流系统 Revit 标准模板已经支持这种创建方法。

这些模板针对每种图元仅提供一个范例，这些概念性图元的作用是在模型中预留位置。随着设计的逐步深入，当设计师选择了准确的材料和组件之后，高级对象来替代这些概念性对象。用这些"占位图元"创建框架，这些图元可理解为构件或对象，深化过程也是构件模型从粗糙到精细的发展过程。

10.3.3 模型拆分

根据软硬件的处理能力、项目复杂程度和体量，对模型进行拆分是必要的。拆分模型的根本目的是提高工作效率，达到最大协同工作的效果。拆分的模型需做到，能实现多专业协调。

具体做法建议，建筑专业可按照建筑分区、楼号、施工缝、楼层或建筑构件等不同标准进行分解；结构专业可按分区、楼号、施工缝、楼层或建筑构件等进行；水暖通等其他专业可按分区、楼号、施工缝、楼层或系统等来分解。

需要注意的是，模型拆分后的文件大小还需考虑硬件条件来确定，以保证设备运行的性能。根据具体情况确定了文件大小限值，对拆分文件进行检查，一旦发现超出限值都应进一步考察是否需要二次拆分。

10.3.4　模型表现

为了得到模型最佳的可视效果，便于用户更快更准识别和选取模型，对模型的外在表现也做出统一规定。规定须符合模型继承性和专业习惯原则，即能够与传统设计规定统一或近似，以降低设计人员为适应新规定而出现错误的概率，另外按照专业不同，有各自的习惯做法，应予以充分考虑。

模型表现主要通过色彩规定来实现。在项目 BIM 实施之前，应由相关负责人对模型色彩进行统一规定，确保在项目全过程中得以贯彻实施。

10.4　文件结构和命名

10.4.1　文件结构

图 10-1　BIM 项目文件结构

项目 BIM 相关的文件数量庞大，须按照一定规则进行存储，便于查询等使用。项目实施过程中，各参建方根据具体项目情况对依据文件、过程文件和成果文件进行收集、传递和归档。

项目文件夹结构设置按照逻辑习惯，一级文件夹为项目名称，二级为工作文件夹（按工作类型分配多个文件夹），三级为按照专业划分各专业子文件夹，四级为子模型文件夹（文件夹数量取决于拆分模型数量）。见图 10-1。

10.4.2 命名规则

确定项目文件名称时，依据简洁清晰、意义明确的原则。文件命名的一般规则如下：

（1）简洁明了，能提供文件内容信息；

（2）中文、英文、数字等系统许可的字符；

（3）不得使用空字符；

（4）可使用大小写字母、中划线或下划线；

（5）需考虑设计、施工、运维过程中的文件传递使用，不同参与方的需求来确定各方认可的命名。

项目实施前，应对模型文件和模型构件、材料等命名按照项目具体情况和行业习惯进行统一规定，如表 10-1 所示。

模型构件命名示范　　　　　　　　　　　　表 10-1

专业	构件分类	命名规则	例子
建筑	幕墙	墙类型-墙厚	内部砌块墙-150
	内填充墙		
	外填充墙		
	隔断墙		
	楼、地面板	楼板类型-板厚	楼板-100
	屋面板	屋面板-板厚	屋面板-150
	天花	天花类型-规格-板厚	天花-600X600-10
	楼梯、扶梯、电梯、门窗	同设计图	同设计图
结构	承重墙	墙类型-墙厚	剪力墙-300
	剪力墙		
	楼、地面板	楼板类型-板厚-沉降	混凝土板-200-20
	框架柱	柱类型-柱截面	混凝土框架柱-800X800
	构造柱		
	混凝土梁	梁类型-截面	混凝土梁-600X300
机电	风管	风管类型	矩形镀锌风管
	水管	管道材质	热镀锌钢管
	桥架	桥架类型-系统	CT-普通强电
	设备	同设计图	同设计图

第11章 设计阶段

11.1 方案设计阶段

11.1.1 应用范围

在方案设计阶段以建筑项目需求为基础，根据建筑项目设计任务书、拟建场地、规划条件、气候等大量基础信息，利用 BIM 软件对建筑项目所处的场地环境进行必要的分析，作为方案设计的依据。并进一步利用 BIM 软件建立建筑模型，输入场地环境相应的信息，进而对建筑物的物理环境、结构、疏散、能耗等方面进行模拟分析，对得到的多个备用建筑设计方案进行初步比选、优化和确定。

11.1.2 应用流程

1. 阶段总体应用流程

方案设计阶段的总体工作内容主要是依据设计条件，建立设计目标与设计环境的基本关系，提出空间架构设想、创意表达形式的初步解决方法等，目的是为建筑设计后续若干阶段工作提供依据及指导性的文件。基于 BIM 的方案设计阶段应用总流程如图 11-1 所示。

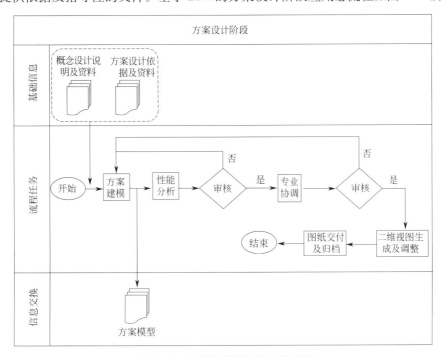

图 11-1　方案设计阶段应用总流程

2. 场地分析应用流程（图 11-2）

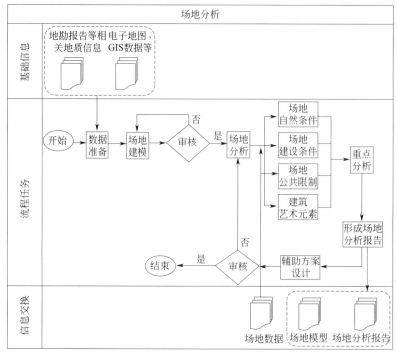

图 11-2　场地分析应用流程

3. 建筑性能模拟分析应用流程（图 11-3）

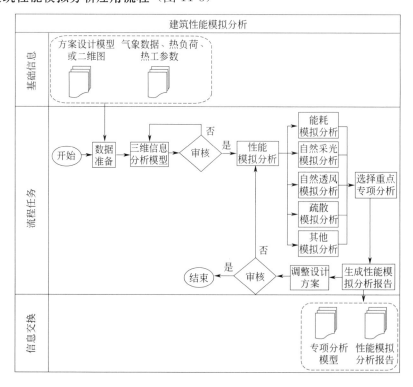

图 11-3　建筑性能模拟分析应用流程

4. 方案比选分析应用流程（图 11-4）

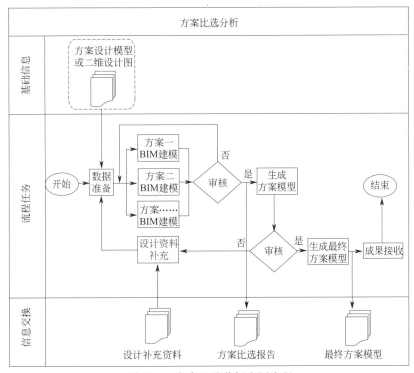

图 11-4 方案比选分析应用流程

11.1.3 模型内容

1. 一般规定

模型内容按照本指南规定的模型细度（见附录 A）执行，本节给出方案设计阶段细度的模型内容。

2. 方案设计模型内容

方案设计阶段模型内容参见表 11-1。

方案设计阶段模型内容   表 11-1

模型内容	模型信息
（1）场地：场地边界、地形表面、建筑地坪、场地道路等； （2）建筑外观：体量形状大小、位置等； （3）建筑标高、建筑空间； （4）建筑层数、高度、基本功能分隔构件、基本面积； （5）主要技术经济指标的基础数据	（1）场地：地理区位、基本项目信息； （2）建筑总面积、占地面积、建筑层数、建筑等级、容积率、建筑覆盖率等统计数据等； （3）防火规划、防火等级、人防类别等级、防水防潮等级等基础数据 （4）建筑房间与空间功能、参数要求、使用人数

11.1.4 分析应用

1. 场地分析

（1）分析目的

场地分析是研究影响建筑物定位的主要因素、确定建筑物的空间方位、确定建筑物的外观、建立建筑物与周围景观的联系过程。在方案阶段，场地的地貌、气候条件都是影响设计决策的重要因素，通过 BIM 技术对场地进行建模，提供可视化的模拟分析数据，帮助项目在方案阶段评估场地的使用条件和特点，从而做出新建项目最理想的场地规划、建筑布局等关键决策。

（2）分析内容

在相关基础数据（地勘报告、工程水文资料、现有规划文件、建设地块信息、电子地图、GIS 数据）的基础上，并确保测量勘察数据的准确性，建立相应的场地模型，借助相关模拟软件分析坡度、高程、填挖方、等高线等场地数据，并根据场地分析结果，对设计方案的可行性进行评估。

（3）分析成果

① 场地模型

包含场地边界、地形地貌、场地道路、建筑地坪等内容。

② 场地分析报告

报告应包含三维场地模型图像、场地分析结果，并附上设计方案场地分析对比数据。

2. 建筑性能模拟分析

（1）分析目的

建筑性能模拟是按照设计方案对建筑的性能进行精确地数字化仿真模拟，并在此基础上有针对性地改进和优化设计方案，从而达到提升建筑性能和改善使用度的目标，应用性能模拟分析同时也是绿色建筑的内在要求。

（2）分析内容

收集二维图、气象数据、热负荷、热工参数等相关数据，并确保数据的准确性，根据设计方案各性能模拟的需求，建立各专项性能分析模型，主要包括能耗模拟、自然采光模拟、自然通风模拟以及疏散模拟等，形成专项性能分析数据，在此基础上反复调整设计方案，保障建筑物性能最优化。

（3）分析成果

① 各专项分析模型。

各专项分析模型应同时满足不同分析软件对建筑信息模型的深度要求以及分析项目的数据要求。

② 各专项模拟分析报告。

专项分析报告应包含相应三维建筑信息模型图像、各专项分析数据结果等信息。

3. 设计方案比选分析

（1）分析目的

设计方案比选是根据提供的设计信息建立 BIM 模型，将 BIM 模型应用到设计方案比选的可视化交流探讨，通过局部调整或重新制作等方式，形成多个建筑设计方案，综合考虑各方面因素从中选出最优方案，形成初步设计阶段的设计方案模型。

（2）分析内容

利用相关基础数据建立三维建筑信息模型，模型应保证设计信息的准确性与完整性。在此模型基础上对各个设计方案的可行性、功能性等多方面进行比选，从中选择最优的设计方案，并提供方案比选报告。

（3）分析成果

① 设计方案模型

包含建筑主体外观形状、建筑高度、建筑层数、功能分区等基本信息。

②方案比选报告

报告的内容应在传统建筑项目二维图的基础上，增加三维透视图、轴测图、剖切图等图片，并附上方案比选说明。

11.2 初步设计阶段

11.2.1 应用范围

初步设计是在方案设计或可行性研究基础上开展的技术方案细化的阶段，主要任务是完成各专业系统方案的深化设计，确定关键系统的布局、材料、尺度和性能，

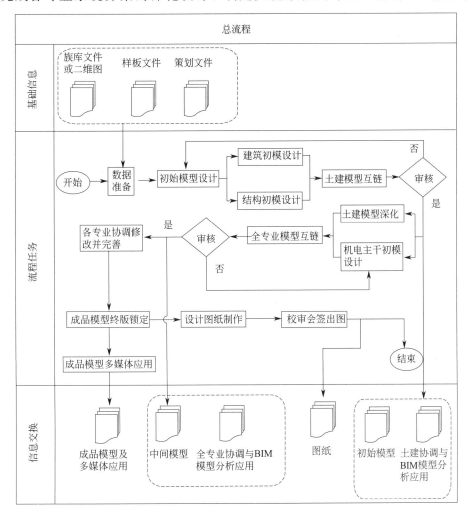

图 11-5 初步设计的应用总流程

落实相关做法，主要断面及节点，初步设计需要在完整的专业配合下进行，相对独立并协调工作。初步设计的应用总流程见图 11-5。

在建筑项目初步设计过程中，沟通、讨论、决策可以围绕可视化的建筑模型开展。模型生成的明细表统计可及时、动态反映建筑项目的主要技术经济指标，包括建筑层数、建筑高度、总建筑面积、各类面积指标、住宅套数、房间数、停车位数等。

在本阶段，推敲完善建筑模型，并配合结构建模进行核查设计。应用 BIM 软件构建建筑模型，对平面、立面、剖面进行一致性检查，将修正后的模型进行剖切，生成平面、立面、剖面及节点大样图，形成初步设计阶段的土建、机电模型和初步设计二维图。

11.2.2 应用流程

1. 阶段总体应用流程

在设计阶段使用 BIM，因模型大小受硬件、软件的限制，为了保证模型的可持续使用和修改，对其建立的方法应做出较高的限制要求，做好应用设计策划，对模型本身所含信息或工作模式进行策划设计，各专业协商确定协同方式，便于指导设计者更高效的工作及保持模型的一致性，增加可持续深化使用的便捷性。

2. 土建专业应用流程（图 11-6）

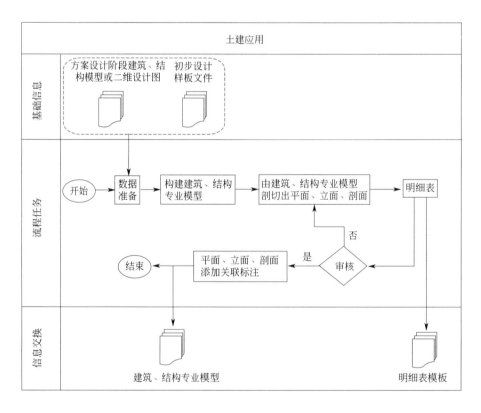

图 11-6 土建 BIM 应用流程

注：根据项目实际需求，可将总项目样板拆分为各专业分样板。

3. 机电专业应用流程（图 11-7）

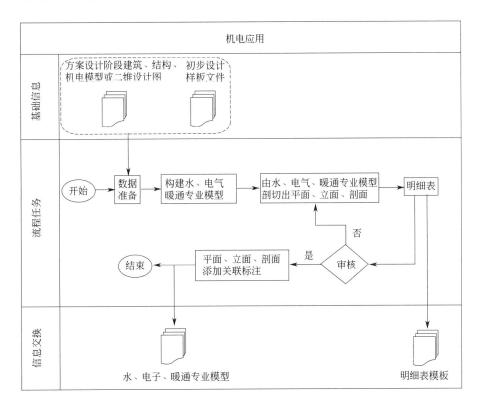

图 11-7　机电 BIM 应用的流程

注：根据项目实际需求，可将总项目样板拆分为各专业分样板。

11.2.3　模型内容

1. 一般规定

模型内容按照本指南规定的模型细度（见附录 A）执行，本节给出初步设计阶段细度的模型内容。

2. 初步设计模型内容

BIM 技术在初步设计阶段的应用主要在于优化建筑布局等功能和形体设计细节，确认结构系统、机电系统方案细节，协调专业设备间的空间关系。

（1）土建、机电专业初步设计样板文件：样板文件的定制由企业根据自身建模和作图习惯创建，包括统一的文字样式、字体大小、标注样式、线型等；

（2）完成初步设计阶段的土建、机电各专业模型；

（3）初步设计阶段模型优化报告；

（4）初步设计模型生成的二维施工图纸；

（5）基于 BIM 模型的概算数据；

（6）基于 BIM 模型的其他应用数据及报告。

11.2.4 分析应用

1. 建筑专业

（1）分析目的

设计前期阶段，模型设计重点在于从体量到建筑构件的转化，对于常规构件如内部的墙柱、门窗、楼电梯等都没有详细表达。初步设计阶段必须对各类构件进行细化，以过渡到初步设计阶段，使其逐步具备变成现实的条件。本阶段数据分析，辅助进行各项技术指标测算；并能在建筑模型修改过程中，发挥关联修改作用，实现协同工作。

（2）分析内容

初步设计阶段建筑专业模型设计一般可以分为初始模型设计、中间模型设计和终版模型设计三个阶段，每个阶段都包括专业模型的深化、审核以及专业之间设计模型的协同工作等内容。

模型创建应采用统一的项目样板文件，根据设计方案模型或二维设计图建立相应的建筑信息模型。为保证后期土建、机电模型的准确整合，在建模之前，应当保证土建、机电模型统一轴网，原点对齐。

（3）分析成果

1）分析模型

除局部细节要求深度加深以外，建筑信息模型总体应满足本阶段模型深度要求和该分析项目的数据要求。

在设计的同时，需要考虑多方面的要求：

① 本专业的图面表达要求；

② 便于后续修改的要求；

③ 多专业协同设计的要求；

④ 可视化表现的要求；

⑤ BIM 模型后续应用的要求；

⑥ 建筑专业模型设计；

⑦ 使用性能优化；

⑧ 其他等基于建筑设计模型优化内容。

2）分析报告

分项报告应体现三维建筑信息模型图像、分项分析数据结果，以及对建筑设计初步设计内容进行详尽解释。

2. 结构专业

（1）分析目的

通过结构专业模型分析，实现建筑模块模型正确表达，衔接机电模型。结构专业模型应该满足建筑与结构设计相关要求，对于结构构件应该在方案设计基础上更深层次表达，满足结构设计在本阶段的要求，各项结构数据应能导出其他格式文件，进一步做结构详细分析。

（2）分析内容

BIM 设计中结构模型较为独立一般采用较为灵活的协同模式，如链接，工作过程中需要根据项目要求确定项目样板文件，初步设计阶段结构样板文件制定主要有两方面内容：试图样板、族与共享参数。

（3）分析成果

1）分析模型

除局部细节要求深度加深以外，结构信息模型总体应满足本阶段模型深度要求和该分析项目的数据要求。

结构专业 BIM 设计模型应满足以下要求：

① 结构模型建立方法及深度要求；

② 三维协同设计；

③ 结构模型可转换为结构分析模型；

④ 结构模型图纸成果。

2）分析报告

分析报告应体现结构信息模型图像、分项分析数据结果，以及对建筑设计初步设计内容进行详尽解释，并保留导出其他结构分析软件数据格式。

3. 机电专业

（1）分析目的

为保证后期机电模型的准确整合，在建模之前，应当保证机电模型统一轴网，原点对齐。通过 BIM 协同模式获取其他专业数据，在协同模式下完成机电专业设计。检查各专业设计是否存在交叉现象，保证设计项目的正确性与完整性。

根据设计需求，分别完成专业指标计算，校验是否满足技术经济指标要求。机电信息模型在满足本阶段的要求前提下，各项结构数据应能导出其他格式文件，可进一步做详细分析。

（2）分析内容

应满足结合土建专业模型的协同设计，从模型中提取设计所需的信息，选择合适的工作模式进行多专业设计。

给排水系统的设计包含给排水系统管理、器具的布置、器具的连接、管道编辑等；并且满足消防系统建模与计算等应用模块设计。

电气系统的设计包含构建的批量布置、设备连线、批量线管、线管升降、二维标注和统计等。满足设计的照度计算等应用模块设计。

暖通系统的设计包含暖通风系统管理、批量布置、设备连接、管道编辑等；并且满足暖通空调负荷计算等应用模块设计。

（3）分析成果

1）分析模型

在协同工作中，土建专业模型可直接提供计算所需的基础数据，机电各专业模型需要做管线综合，形成依据规范的各专业模块模型，并排除各专业之间的碰撞问题。

2）分析报告

根据各专业模型提取的数据与软件提供的计算规范数据库进行数据一一对应，将对应完成的数据输出到计算分析软件中进行计算分析，分析结果返回 BIM 模型中，对计算结果进行标注，并根据结果作相应调整。

11.3 施工图设计阶段

施工图设计是建筑项目设计的重要阶段，是项目设计和施工的桥梁。本阶段主要通过施工图图纸，表达建筑项目的设计意图和设计结果，并作为项目现场施工制作的依据。

施工图设计阶段的 BIM 应用是各专业模型构建并进行优化设计的复杂过程。各专业信息模型包括土建、给排水、暖通、电气等专业。在此基础上，根据专业设计、施工等知识框架体系，进行冲突检测、三维管线综合、竖向净空优化等基本应用，完成对施工图设计的多次优化。针对某些会影响净高要求的重点部位，进行具体分析，优化机电系统空间走向排布和净空高度。

11.3.1 应用范围

在满足实施需求的基础上，综合土建、设备各专业、相互协同，核实校对，同时较传统二维施工图设计更加深入，并把部分材料供应，施工技术、设备等工程施工的具体要求反映在 BIM 信息模型及相关数据库上。以 BIM 建筑信息模型作为设计信息的载体，将设计信息归总为数字化、数据库，以及数据库的方式部分代替传统的图纸模式传递设计信息，从而使建设工程中的信息可以快捷、准确的查询、更新、删除和保存。

11.3.2 应用流程

1. 阶段应用总流程（图 11-8）

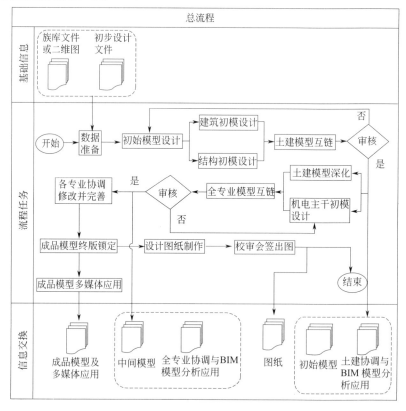

图 11-8 施工图设计阶段的应用总流程图

在施工图设计阶段使用 BIM，本阶段模型深度较为详细，并且建立过程应在初步设计基础上进一步深化，模型分析也进一步详细，为了保证模型的可持续使用和修改，对其建立的方法应做出较高的限制要求，对模型本身所含信息或工作模式进行策划设计，协同模式参考初步设计阶段，便于指导设计者更高效的工作及保持模型的一致性，增加可持续深化使用的便捷性。

2. 土建专业应用流程（图 11-9）

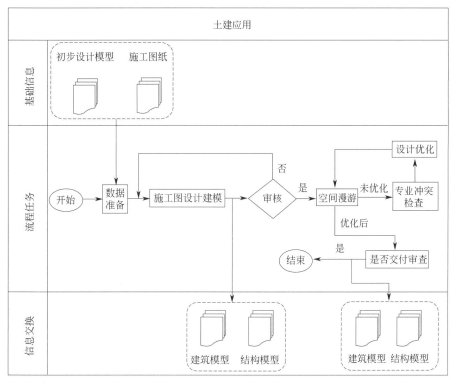

图 11-9 土建 BIM 应用流程

3. 机电专业应用流程（图 11-10）

11.3.3 模型内容

1. 一般规定

模型内容按照本指南规定的模型细度（见附录 A）执行，本节给出施工图设计阶段细度的模型内容。

2. 施工图设计模型内容

在本阶段模型应用中需要完成净空优化、虚拟仿真、冲突检测及三维管线综合，竖向净空优化的主要目的是基于各专业模型，优化机电管线排布方案，对建筑物最终的竖向设计空间进行检测分析，并给出最优的净空高度。

虚拟仿真漫游主要是利用 BIM 软件模拟建筑物的三维空间，通过漫游、动画的形式提供身临其境的视觉、空间感受，及时发现不易察觉的设计缺陷或问题，减少由于事先规

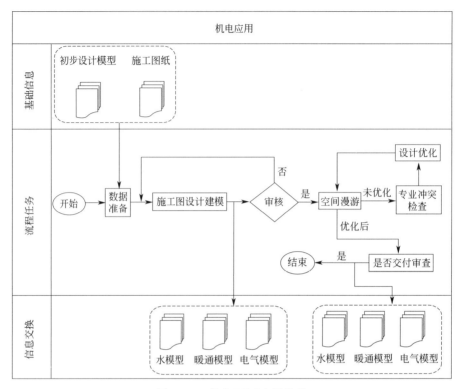

图 11-10　机电 BIM 应用流程

划不周全而造成的损失，有利于设计与管理人员对设计方案进行辅助设计与方案评审，促进工程项目的规划、设计、投标、报批与管理。

冲突检测及三维管线综合，主要是基于各专业模型，应用 BIM 软件检查施工图设计阶段的碰撞，完成建筑项目设计图纸范围内各种管线布设与土建平面布置和竖向高程相协调的三维协同设计工作，以避免空间冲突，尽可能减少碰撞，避免设计错误传递到施工阶段。

除此以外具体还包含以下方面内容：

（1）土建、机电专业施工图设计样板文件：样板文件的定制由企业根据自身建模和作图习惯创建，包括统一的文字样式、字体大小、标注样式、线型等；

（2）完成施工图设计阶段的土建、机电各专业模型；

（3）施工图设计阶段模型优化报告；

（4）施工图设计模型生成的二维施工图纸；

（5）基于 BIM 模型的预算数据；

（6）基于 BIM 模型的其他应用数据及报告。

11.3.4　分析应用

1. 建筑专业

（1）分析目的

建筑专业施工图设计是以剖切建筑专业三维设计模型为主，二维绘图标识为辅，局部借助三维透视图和轴测图的方式表达施工图设计。其主要目的是减少二维设计的平面、立面、剖面的不一致性问题；尽量消除与结构、给排水、暖通、电气等专业设计表达的信息不对称；为后续设计交底、深化设计提供依据。

（2）分析内容

施工图设计阶段建筑专业模型设计一般可以分为初始模型设计、中间模型设计和终版模型设计三个阶段，每个阶段都包括专业模型的深化、审核以及专业之间设计模型的协同工作等内容。

过程中需要注意关键部位的净空优化，如：走道、机房、车道上空等。将调整后的建筑信息模型以及相应深化后的 CAD 文件，提交给建设单位确认。其中，对二维施工图难以直观表达的结构、构件、系统等提供三维透视和轴测图等三维施工图形式辅助表达，为后续深化设计、施工交底提供依据。本阶段完成后可提供相关媒体演示文件，供施工技术交底及后续应用使用。

（3）分析成果

除局部细节要求深度加深以外，结构信息模型总体应满足本阶段模型深度要求和该分析项目的数据要求。

在设计的同时，需要考虑多方面的要求：

① 本专业的图面表达要求；

② 便于后续修改的要求；

③ 多专业协同设计的要求；

④ 可视化表现的要求；

⑤ BIM 模型后续应用的要求；

⑥ 施工图设计模型深化；

⑦ 建筑专业模型设计；

⑧ 使用性能优化；

⑨ 消防与疏散优化；

⑩ 其他等基于建筑设计模型优化内容；

⑪ BIM 施工图文件（模型）交付；

⑫ 辅助工程量构件清单等。

2. 结构专业

（1）分析目的

通过结构专业模型分析，实现建筑模块模型正确表达，衔接机电模型。结构专业模型应该满足建筑与结构设计相关要求，对于结构构件应该在初步设计基础上更深层次表达，满足结构设计在本阶段的要求，各项结构数据应能导出其他格式文件，进一步做结构详细分析。

（2）分析内容

BIM 设计中结构模型较为独立，一般采用较为灵活的协同模式，如链接；过程中需要注意关键部位的净空优化，如：走道、机房、车道上空等。将调整后的建筑信息模型以及相应深化后的 CAD 文件，提交给建设单位确认。其中，对二维施工图难以直观表达的结构、构件、系统等提供三维透视和轴测图等三维施工图形式辅助表达，为后续深化设计、施工交底提供依据。本阶段完成后可提供相关媒体演示文件，供施工技术交底及后续应用使用。

（3）分析成果

除局部细节要求深度加深以外，结构信息模型总体应满本阶段模型深度要求和该分析项目的数据要求。

结构专业 BIM 设计模型应满足以下要求：

① 结构模型建立方法及深度要求；

② 三维协同设计；

③ 结构模型可转换为结构分析模型；

④ 结构模型图纸成果；

⑤ BIM 施工图文件（模型）交付；

⑥ 辅助工程量构件清单等。

3. 机电专业

（1）分析目的

承接初步设计阶段的机电模型，施工图设计阶段在此基础上进一步深化，最终形成可交付的机电施工图设计文件，包括施工图图纸及相关计算文件。并且满足结合土建专业模型的协同设计，从模型中提取设计所需的信息，选择合适的工作模式进行多专业设计。

根据设计需求，分别完成专业指标计算，校验是否满足技术经济指标要求。机电信息模型在满足本阶段的要求前提下，各项结构数据应能导出其他格式文件，可进一步做详细分析。

（2）分析内容

给水排水系统的设计包含给排水系统管理、器具的布置、器具的连接、管道编辑等；并且满足消防系统建模与计算等应用模块设计。

电气系统的设计包含构建的批量布置、设备连线、批量线管、线管升降、二维标注和统计等；并且满足设计的照度计算等应用模块设计。

暖通系统的设计包含暖通风系统管理、批量布置、设备连接、管道编辑等；并且满足暖通空调负荷计算等应用模块设计。

（3）分析成果

1）分析模型

在协同工作中，土建专业模型可直接提供计算所需的基础数据，机电各专业模型需要做管线综合，形成依据规范的各专业模块模型，并排除各专业之间的碰撞问题。

设定冲突检测及管线综合的基本原则，使用 BIM 软件等手段，检查发现建筑信息模型中的冲突和碰撞。编写冲突检测及管线综合优化报告，提交给建设单位确认后调整模型。其中，一般性调整或节点的设计优化等工作，由设计单位修改优化；较大变更或变更量较大时，可由建设单位协调后确定优化调整方案。

2）分析报告

根据模型分析出具本阶段应用分析报告，报告可包含其他形式媒体文件；设定视点和漫游路径，该漫游路径应当能反映建筑物整体布局、主要空间布置以及重要场所设置，以呈现设计表达意图。

将软件中的漫游文件输出为通用格式的视频文件，并保存原始制作文件，以备后期的调整与修改。

第 12 章 施 工 阶 段

12.1 应用范围

施工实施阶段是指自工程开始至竣工的实施过程。本阶段的主要内容是通过科学有效的现场管理完成合同规定的全部施工任务，以达到验收、交付的条件。

基于 BIM 技术的施工现场管理，一般是基于施工准备阶段完成的施工作业模型，配合选用合适的施工管理软件进行，这不仅是一种可视化的媒介，而且能对整个施工过程进行优化和控制。这样有利于提前发现并解决工程项目中的潜在问题，减少施工过程中的不确定性和风险。同时，按照施工顺序和流程模拟施工过程，可以对工期进行精确的计算、规划和控制，也可以对人、机、料、法等施工资源统筹调度、优化配置，实现对工程施工过程交互式的可视化和信息化管理。

12.2 应用流程

12.2.1 阶段总体应用流程

（1）项目施工实施前，BIM 总控方根据项目特点、项目组织方式、项目 BIM 实施大纲等要求，制定《项目施工阶段 BIM 实施方案》。

（2）施工单位进场后，施工单位组建 BIM 实施团队。BIM 总控方对项目 BIM 实施技术交底。

（3）BIM 总控方根据项目施工组织方式，分配施工单位协同平台权限，施工各参与方通过项目协同平台共同维护及更新施工阶段 BIM 数据。

（4）BIM 总控方管理、协调、整合施工单位的 BIM 工作，并对施工单位提供技术支持。施工单位对其模型进行深化、更新和维护。

（5）施工单位收到设计 BIM 成果后，进行 BIM 成果会审，统计工程量，编写施工组织方案，应用设计成果进行施工组织设计及施工方案的模拟与优化。

（6）施工单位按工作范围及施工阶段 BIM 实施计划提交施工各阶段 BIM 成果，对施工阶段的 BIM 成果进行校核和调整，确保 BIM 成果与各参与方提供的施工深化成果一致。

（7）将施工阶段确定的信息在施工过程模型中进行添加或更新，并对施工变更的内容进行 BIM 模型和信息的更新，最终形成竣工 BIM 成果。

基于 BIM 施工阶段总体流程如图 12-1 所示。

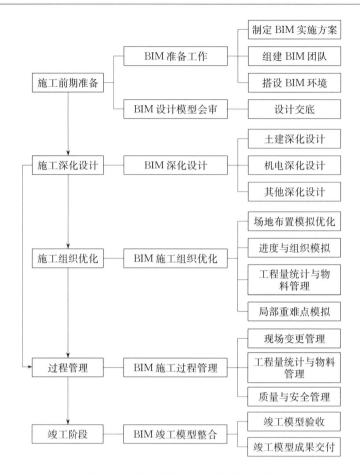

图 12-1 施工阶段 BIM 应用总体流程

12.2.2 施工阶段深化设计应用流程

施工阶段深化设计应用流程见图 12-2。

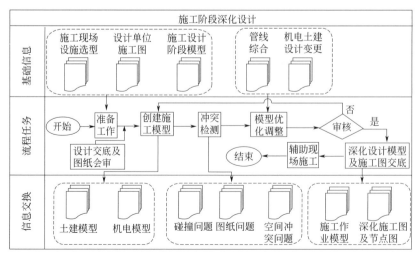

图 12-2 施工阶段深化设计流程

12.2.3 施工方案模拟应用流程

施工方案模拟应用流程见图 12-3。

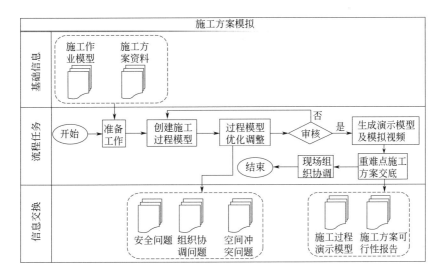

图 12-3 施工方案模拟应用流程

12.2.4 场地布置与规划应用流程

场地布置与规划应用流程见图 12-4。

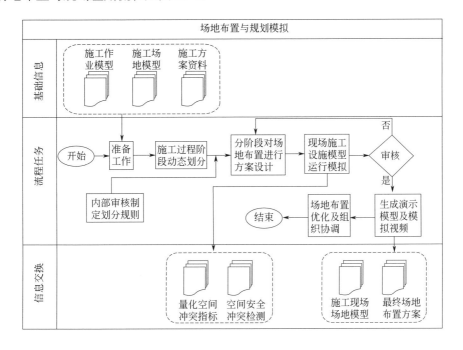

图 12-4 场地布置与规划应用流程

12.2.5 施工组织与进度应用流程

施工组织与进度应用流程见图 12-5。

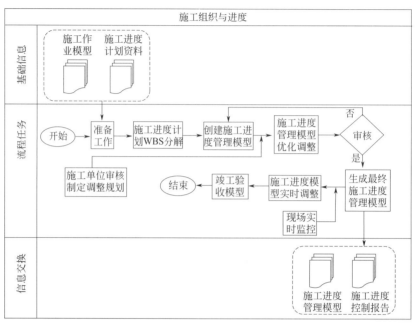

图 12-5 施工组织与进度应用流程

12.2.6 工程量统计与物料管理应用流程

工程量统计与物料管理应用流程见图 12-6。

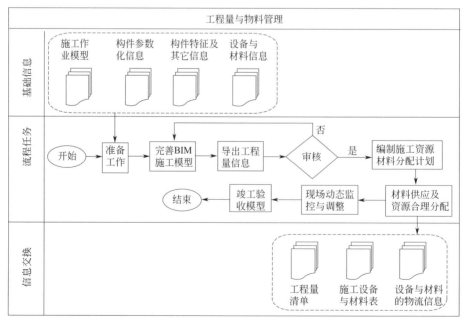

图 12-6 工程量与物料管理流程

12.2.7 构件预制与数字化加工应用流程

构件预制与数字化加工应用流程见图 12-7。

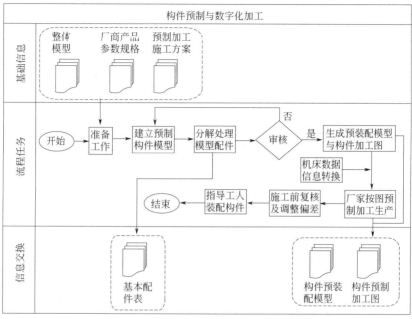

图 12-7 构件预制与数字化加工应用流程

12.2.8 质量与安全管理应用流程

质量与安全管理应用流程见图 12-8。

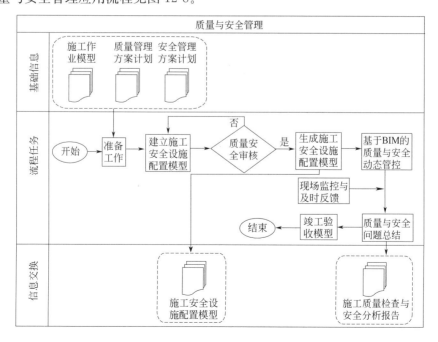

图 12-8 质量与安全管理应用流程

12.2.9 竣工模型整合验收应用流程

竣工模型整合验收应用流程见图 12-9。

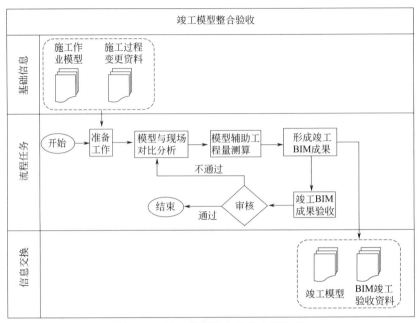

图 12-9 竣工模型整合验收应用流程

12.3 模型内容

12.3.1 一般规定

模型内容按照本指南规定的模型细度（见附录 A）执行，本节给出深化设计阶段、施工实施阶段及竣工验收阶段细度的模型内容。

12.3.2 施工模型内容及结果文件

施工阶段模型主要包含以下方面内容：

（1）土建、机电专业施工阶段样板文件。

（2）完成施工各阶段的土建模型、机电模型，包括有施工作业模型、施工过程演示模型、施工现场场地模型、施工进度管理模型、构件预装配模型、施工安全设施配置模型及竣工模型。

（3）施工各阶段模型优化报告、碰撞问题报告、图纸问题报告、空间冲突报告。

（4）施工图深化设计模型生成的深化施工图及节点图、构件预制加工图、工程量清单、施工设备与材料表等。

（5）基于 BIM 模型的模拟演示视频、施工方案可行性报告、场地布置方案、进度控制报告、质量检查与安全分析报告。

（6）基于 BIM 模型的其他应用数据及报告。

12.4　分析应用

12.4.1　施工阶段深化设计

1. 分析目的

施工深化设计的主要目的是提升深化后建筑信息模型的准确性、可校核性。将施工操作规范与施工工艺融入施工作业模型，使施工图满足施工作业的需求。

2. 分析内容

（1）准备工作

明确深化设计各方职责，使深化设计的管理有序进行。收集数据，并确保数据的准确性。包括施工图设计阶段模型、设计单位施工图、施工现场条件与设备选型等。

（2）建立施工模型

施工单位依据设计单位提供的施工图与设计阶段建筑信息模型，根据自身施工特点及现场情况，完善或重新建立可表示工程实体即施工作业对象和结果的施工作业模型。该模型应当包含工程实体的基本信息。

（3）冲突检测及优化模型

BIM 技术工程师结合自身专业经验或与施工技术人员配合，对建筑信息模型的施工合理性、可行性进行甄别，并进行相应的调整优化。同时，对优化后的模型实施冲突检测。

（4）模型审核及生成结果文件

施工作业模型通过建设单位、设计单位、相关顾问单位的审核确认，最终生成可指导施工的三维图形文件及二维深化施工图、节点图。

3. 分析成果

（1）施工作业模型

模型应当表示工程实体即施工作业对象和结果，包含工程实体的基本信息，并清晰表达关键节点施工方法。

（2）深化施工图及节点图

施工图及节点图应当清晰表达深化后模型的内容，满足施工条件，并符合政府、行业规范及合同的要求。

12.4.2　施工方案模拟

1. 分析目的

在施工作业模型的基础上附加建造过程、施工顺序等信息，进行施工过程的可视化模拟，并充分利用建筑信息模型对方案进行分析和优化，提高方案审核的准确性，实现施工方案的可视化交底。

2. 分析内容

（1）准备工作

收集并编制施工方案的文件和资料，一般包括：工程项目设计施工图纸、工程项目的施工进度和要求、可调配的施工资源概况（如人员、材料和机械设备）、施工现场的自然条件和技术经济资料等。收集施工作业模型，并确保模型数据的准确性。

（2）创建施工过程演示模型

根据施工方案的文件和资料，在技术、管理等方面定义施工过程附加信息并添加到施工作业模型中，构建施工过程演示模型。该演示模型应当表示工程实体和现场施工环境、施工机械的运行方式、施工方法和顺序、所需临时及永久设施安装的位置等。

（3）模型优化调整

结合工程项目的施工工艺流程，对施工作业模型进行施工模拟、优化，选择最优施工方案，生成模拟演示视频并提交施工部门审核。

（4）重难点施工交底

针对局部复杂的施工区域，进行 BIM 重点难点施工方案模拟，生成方案模拟报告，并与施工部门、相关专业分包协调施工方案。

（5）生成结果文件

最终生成施工过程演示模型及施工方案可行性报告。

3. 分析成果

（1）施工过程演示模型

模型应当表示施工过程中的活动顺序、相互关系及影响、施工资源、措施等施工管理信息。

（2）施工方案可行性报告

报告应当通过三维建筑信息模型论证施工方案的可行性，并记录不可行施工方案的缺陷与问题。

12.4.3 场地布置与规划

1. 分析目的

基于 BIM 的场地布置与规划，可对施工场地进行布置，合理安排塔吊、库房、加工厂地和生活区等位置，解决现场施工场地划分问题；通过与建设单位进行可视化沟通协调，对施工场地进行优化，选择最优施工路线。

2. 分析内容

（1）准备工作

收集施工作业模型，并确保模型数据的准确性，其中主要包括施工作业模型及场地模型、施工现场组织方案的资料及依据。

（2）施工过程动态划分

根不同项目的特点，按结构形式、工程部位、构件性质、使用材料、设备种类的不同进而对施工过程进行阶段划分。

（3）场地布置方案设计

明确施工各阶段的主要施工特征及布置特征，根据各阶段特征及需求，对不同阶段分别进行场地布置方案设计。

（4）施工设施模型运行模拟及空间冲突指标量化

对各阶段各方案下的空间冲突指标进行量化。将带有场地布置的模型进行现场施工设施运行模拟，找到产生空间冲突的关键位置，包括施工机械在运行过程中与施工现场内的永久、临时建筑、材料堆场的空间冲突，与人员机器设备工作空间的安全冲突等，对这些冲突进行检测，得到该施工阶段下场地布置方案下空间安全冲突指标值。

（5）动态布置方案评估

综合考虑施工设施费用、施工占地利用率、施工地内运输量、施工管理效率、施工空间冲突等指标，对各施工场地布置方案进行评估，得出最优方案。

3. 分析成果

（1）施工现场场地模型。

包括各种临时设施、场地布置条件及重点工艺部位动画展现等。

（2）施工场地布置方案。

12.4.4 施工组织与进度模拟

1. 分析目的

基于 BIM 技术的虚拟进度与实际进度比对主要是通过方案进度计划和实际进度的比对，找出差异，分析原因，实现对项目进度的合理控制与优化。

2. 分析内容

（1）准备工作

收集数据，并确保数据的准确性。包括施工作业模型、编制施工进度计划的资料及依据等。

（2）进度计划分解

将施工活动根据工作分解结构（WBS）的要求，分别列出各进度计划的活动内容。根据施工方案确定各项施工流程及逻辑关系，制定初步施工进度计划。

（3）进度管理模型生成与优化

将进度计划与三维建筑信息模型链接关联生成施工进度管理模型。利用施工进度管理模型进行可视化施工模拟。检查施工进度计划是否满足约束条件、是否达到最优状况。若不满足，需要进行优化和调整，优化后的计划可作为正式施工进度计划。经项目经理批准后，报建设单位及工程监理审批，用于指导施工项目实施。

（4）进度管理模型现场应用与项目管控

将施工进度管理模型结合虚拟设计与施工、增强现实、三维激光扫描、施工监视及可视化等技术，实现可视化项目管理，对项目进度进行更有效的跟踪和控制。

（5）施工进度纠偏与报告生成

在进度管理模型中输入实际进度信息后，通过实际进度与项目计划间的对比分析，发现二者之间的偏差，分析并指出项目中存在的潜在问题。对进度偏差进行调整以及更新目标计划，以达到多方平衡，实现进度管理的最终目的，并生成施工进度控制报告。

3. 分析成果

（1）施工进度管理模型

模型应当准确表达构件的外表几何信息、施工工序、施工工艺及施工、安装信息等。

（2）施工进度控制报告

报告应当包含一定时间内虚拟模型与实际施工的进度偏差分析。

12.4.5 工程量统计与物料管理

1. 分析目的

从施工作业模型获取的各清单子目工程量与项目特征信息，能够提高造价人员编制各阶段工程造价的效率与准确性。运用 BIM 技术达到按施工作业面配料的目的，实现施工过程中物料的有效控制，提高工作效率，减少不必要的浪费。

2. 分析内容

（1）准备工作

收集数据，并确保数据的准确性。包括施工作业模型、构件参数化信息、构件项目特征及相关描述信息、设备与材料信息及其他相关的合约与技术资料信息等。

（2）完善 BIM 模型

针对施工作业模型，加入构件参数化信息与构件项目特征及相关描述信息，完善建筑信息模型中的成本信息。

在施工作业模型中添加或完善楼层信息、构件信息、进度表、报表等设备与材料信息。建立可以实现设备与材料管理和施工进度协同的建筑信息模型。其中，该模型应当可追溯大型设备及构件的物流与安装信息。

（3）导出工程量及材料设备信息

利用 BIM 软件获取施工作业模型中的工程量信息，得到的工程量信息可作为建筑工程招投标时编制工程量清单与招标控制价格的依据，也可作为施工图预算的依据。同时，从模型中获取的工程量信息应满足合同约定的计量、计价规范要求。

按作业面划分，从建筑信息模型输出相应的设备、材料信息，通过内部审核后，提交给施工部门审核。根据工程进度实时输入变更信息，包括工程设计变更、施工进度变更等。输出所需的设备与材料信息表，并按需要获取已完工程消耗的设备与材料信息以及下个阶段工程施工所需的设备与材料信息。

（4）动态监控及资源合理分配

建设单位可利用施工作业模型实现动态成本的监控与管理，并实现目标成本与结算工作前置。施工单位根据优化的动态模型实时获取成本信息，动态合理地配置施工过程中所需的资源。

3. 分析成果

（1）工程量清单

工程量清单应当准确反映实物工程量，满足预结算编制要求，该清单不包含相应损耗。

（2）施工设备与材料的物流信息

在施工实施过程中，应当不断完善模型构件的产品信息及施工、安装信息。

（3）施工作业面设备与材料表

建筑信息模型可按阶段性、区域性、专业类别等方面输出不同作业面的设备与材料表。

12.4.6 现场变更管理

1. 分析目的

引起工程变更的因素及时间是无法掌控的，基于 BIM 的变更管理可减少变更带来的工期与成本的增加，并实现以下目标功能：

（1）利用模型三维可视性及协同能力，减少变更成本增加。

（2）通过数据关联与过程更新，实现对变更的有效管理和动态控制。

2. 分析内容

（1）施工阶段 BIM 模型必须根据现场变更进行更新。

（2）现场设计变更，应由设计单位进行审核设计变更。依据设计变更内容，由施工单位对施工阶段模型进行设计变更的更新。

（3）变更完成之后，利用变更后 BIM 模型自动生成并导出施工图纸，确保变更图纸和模型一致，用于指导下一步的施工工作。

（4）利用软件的工程量自动统计功能，自动统计变更前和变更后以及不同的变更方案所产生的相关工程量的变化，为设计变更的审核提供参考。

12.4.7 构件预制与数字化加工

1. 分析目的

工厂化建造是未来绿色建造的重要手段之一。运用 BIM 技术提高构件预制加工能力，与数字化建造系统相结合实现建筑施工流程的自动化，通过数字化加工，可以自动完成建筑物构件的预制，降低建造的误差，大幅度提高构件制造的生产率，从而提高整个建筑建造的生产率。

2. 分析内容

（1）准备工作

收集数据，并确保数据的准确性。主要有：加工构件模型，包括几何形状与材料、加工过程信息的数字化表达；预制构件产品参数规格；预制施工方案。

与施工单位确定预制加工构件范围，并针对方案设计、编号顺序等进行协商讨论。

（2）建立预制构件模型

获取预制厂商产品的构件模型，或根据厂商产品参数规格，自行建立构件模型库，替换施工作业模型原构件。建模应当采用适当的应用软件，把模型里数字化加工需要且加工设备的信息隔离，保证后期可执行必要的数据转换、机械设计及归类标注等工作，将施工作业模型转换为预制加工设计图纸。

施工作业模型按照厂家产品库进行分段处理，并复核是否与现场情况一致。

（3）生成加工图并加工生产

将构件预装配模型数据导出，进行编号标注，生成预制加工图及配件表，施工单位审定复核后，送厂家加工生产。构件到场前，施工单位应再次复核施工现场情况，如有偏差应当进行调整。

（4）现场指导安装

通过构件预装配模型指导施工单位按图装配施工。

3. 分析成果

（1）构件预装配模型。

模型应当正确反映构件的定位及装配顺序，能够达到虚拟演示装配过程的效果。

（2）构件预制加工图。

加工图应当体现构件编码，达到工厂化制造要求，并符合相关行业出图规范。

12.4.8 质量与安全管理

1. 分析目的

基于 BIM 技术的质量与安全管理是通过现场施工情况与模型的比对，提高质量检查的效率与准确性，并有效控制危险源，进而实现项目质量、安全可控的目标。

2. 分析内容

（1）准备工作

收集数据，并确保数据的准确性。包括施工作业模型、质量管理方案计划、安全管理方案计划。

（2）建立施工安全设施配置模型

根据施工质量、安全方案修改、完善施工作业模型，生成施工安全设施配置模型。利用建筑信息模型的可视化功能准确、清晰地向施工人员展示及传递建筑设计意图。同时，可通过 4D 施工过程模拟，帮助施工人员理解、熟悉施工工艺和流程，并识别危险源，避免由于理解偏差造成施工质量与安全问题。

（3）现场监控与动态管理

实时监控现场施工质量、安全管理情况，并更新施工安全设施配置模型。通过移动终端 APP 软件，将 BIM 模型导入到移动终端设备，让现场管理人员利用 BIM 模型进行现场工作的布置和实体的对比，直观快速发现现场质量问题。并将发现的问题拍摄后及时记录，汇总后生成整改通知单下发，保证问题处理的及时性，从而加强对施工过程的质量控制。

（4）质量安全问题分析总结

对出现的质量、安全问题，在建筑信息模型中通过现场相关图像、视频、音频等方式关联到相应构件与设备上，记录问题出现的部位或工序，分析原因，进而制定并采取解决措施。同时，收集、记录每次问题的相关资料，积累对类似问题的预判和处理经验，为日后工程项目的事前、事中、事后控制提供依据。将施工重要样板做法、质量管控要点、施工模拟动画、现场平面布置等进行展示，为现场质量管控提供服务。

3. 分析成果

（1）施工安全设施配置模型

模型应当准确表达大型机械安全操作半径、洞口临边、高空作业防坠保护措施、现场消防及临水临电的安全使用措施等。

（2）施工质量检查与安全分析报告

施工质量检查报告应当包含虚拟模型与现场施工情况一致性比对的分析，而施工安全分析报告应当记录虚拟施工中发现的危险源与采取的措施，以及结合模型对问题的分析与解决方案。

12.4.9 竣工模型整合验收

1. 分析目的

在建筑项目竣工验收时，将竣工验收信息添加到施工作业模型，并根据项目实际情况进行修正，以保证模型与工程实体的一致性，进而形成竣工模型，以满足交付及运营基本要求。

2. 分析内容

（1）准备工作

收集数据，并确保数据的准确性。包括施工作业模型及施工过程中修改变更资料。

（2）模型与施工现场对比分析

施工单位通过对现场与 BIM 模型进行分析对比，确保 BIM 模型与现场的一致性，并向 BIM 总控方提交 BIM 辅助验收报告等资料。总承包单位应保证 BIM 模型信息的完整性及正确性。

（3）模型辅助工程量测算

施工单位与造价咨询单位利用一致的 BIM 模型测算工程量，辅助完成项目工程结算工作，提供相关的 BIM 辅助工程量测算报告。

（4）竣工 BIM 成果形成

施工总承包单位应汇集各参与方施工阶段 BIM 成果，提交 BIM 总控方，形成竣工 BIM 成果。竣工 BIM 模型的深度应符合附录 A 中的精度要求。

（5）竣工 BIM 成果验收

BIM 总控方组织施工各参与单位进行竣工 BIM 验收，编制竣工验收报告，验收内容要点包括：模型深度是否满足 LOD 标准要求，模型的几何信息与非几何信息的格式是否满足合同中关于交付成果的要求，竣工成果资料是否齐全及符合要求，应用构件资源库是否齐全及满足要求等。

3. 分析成果

（1）竣工模型

模型应当准确表达构件的外表几何信息、材质信息、厂家信息以及施工安装信息等。其中，对于不能指导施工、对运营无指导意义的内容，建模深度不宜过度。

（2）竣工验收资料

包含必要的竣工信息，作为政府竣工资的重要参考依据，如过程实施资料及多媒体资料、工程量清单、模拟方案、汇报、报告、施工阶段 BIM 应用构件资源库等。

第13章 运营维护阶段

在建筑设施的生命周期中，运营维护阶段所占的时间最长。基于BIM技术的运维管理将提供可视化的操作及展示平台，运维管理工作变得更加形象、直接，增加管理的直观性、空间性和集成度，能够有效帮助建设和物业单位管理建筑设施和资产（建筑实体、空间、周围环境和设备等），进而降低运营成本。

本阶段的BIM应用内容主要包括运维系统建设、设备运行管理、空间管理、资产管理、应急管理和能耗管理等。其中，运维管理不同于设计和施工的BIM应用，管理对象为建成后的建筑项目，该建筑信息模型基本稳定。因此，本阶段BIM应用的主要任务是建立基于BIM技术的建筑运维管理体系和管理机制，以更科学合理地实施建筑项目的运维管理。

13.1 运营维护管理体系建设

13.1.1 目标概述

运维管理体系建设是运营阶段应用BIM技术的基础。运维管理体系的建立能够有效帮助运营单位和物业单位管理建筑的设施设备，提高建筑运维管理水平，降低运营成本。

13.1.2 准备工作

1. 收集竣工模型

对竣工模型和建筑实体进行校对，确保模型与实体一致。

2. 统一编码规则

根据建设期编码，结合运营期业主要求，分类编制统一的设施设备编码规则。

3. 确立功能架构

收集建筑运维要求，明确运维管理体系的整体功能架构。

13.1.3 主要内容

1. 构建运营模型

从竣工模型中导出或编辑形成运营模型，可针对运营需求对模型实施轻量化。

2. 开发运维管理体系

根据建筑项目运营需求，开发运维管理体系，系统架构应包括设备运行管理、空间管理、资产管理、应急管理和能耗管理等功能，同时，建立运行管理需要的网络和硬件平台。

3. 建立运维管理方案

编制运维管理制度，建立基于BIM技术的建筑运维管理机制。

4. 系统培训

对运维管理人员进行系统培训，确保基于 BIM 运维管理体系正常运行。

运维管理体系架构及部分功能可参照图 13-1 建立。

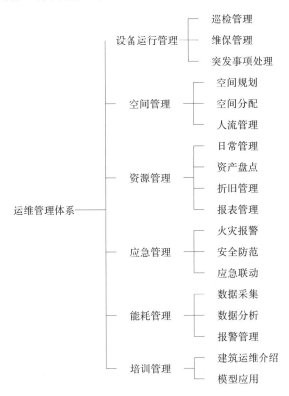

图 13-1　基于 BIM 的运维管理体系架构示意图

13.1.4　成果汇总

（1）基于 BIM 技术研究开发符合建筑项目运营需求的运维管理体系。

（2）根据运维管理体系编制相应的运维管理方案及实施细则。

13.2　设备运行管理

13.2.1　目标概述

基于 BIM 技术的建筑运行管理系统和运行管理方案，有利于实施建筑设备控制、消防、安全等信息化管理。其应用目标如下：

（1）提高工作效率，准确定位故障点位置，快速显示建筑设备的维护信息和维护方案。

（2）有利于制定合理的预防性维护计划及流程，延长设备使用寿命，从而降低设备替换成本，并能够提供更稳定的服务。

（3）记录建筑设备的维护信息，建立维护机制，以合理管理备品、备件，有效降低维护成本。

13.2.2 准备工作

（1）收集 BIM 竣工模型，确保模型数据准确。
（2）收集各建筑设备运行说明书等资料。

13.2.3 主要内容

1. 巡检管理

利用土建模型和设施设备及系统模型，输入设备及相关维修数据，分析 BIM 模型数据并制定设施设备日常巡检路线；结合建筑自控系统及其他智能化系统，对建筑设施设备进行计算机界面巡检，减少现场巡检频次，以降低建筑运行的人力成本。

2. 维保管理

编制维保计划：利用土建模型和设施设备及系统模型管理清册，建立设施设备基本信息库与台账，定义设施设备保养周期等属性信息，结合建筑实际运行需求制定建筑和设施设备及系统的维保计划。

定期维修：利用土建模型和设施设备及系统模型，结合设备供应使用说明及设备实际使用情况，对设施设备运行状态进行巡检管理并生成运行记录、故障记录等信息，根据生成的保养计划自动提示到期需保养的设施设备，确保设施设备始终处于正常状态。

报修管理：利用土建模型和设施设备及系统模型，结合物联网技术及设备自身运行系统，对出现故障的设备从维修申请，到派工、维修、完工验收等实现过程化管理。将整个维修进程反映于 BIM 模型上，进而准确高效地管理整个设备维修工作。

维护更新设施设备数据：及时记录和更新 BIM 模型的数据库，包括运维计划、运维记录（如更新、损坏/老化、替换、保修等）、成本数据、厂商数据和设备功能等其他数据。

3. 突发事件处理

利用土建模型和设施设备及系统模型，制定应急预案，开展模拟演练。当突发事件发生时，利用 BIM 模型的三维可见性，直观显示事件发生位置，显示相关建筑和设备信息，并启动相应的应急预案，以控制事态发展，减少突发事件的直接和间接损失。

13.3 空间管理

13.3.1 目标概述

为了有效管理建筑空间，保证空间的利用率，结合建筑信息模型进行建筑空间管理，主要包括空间规划、空间分配、人流管理等。

13.3.2 主要内容

1. 空间规划

将数据库和 BIM 模型整合在一起的智能系统跟踪空间的使用情况，提供收集和组织空间信息的灵活方法，根据实际需要、成本分摊比率、配套设施和座位容量等参考信息，使用预定空间，进一步优化空间使用效率，设置空间租赁或购买等空间信息，积累空间管理的各类信息，便于预期评估基于人数、功能用途及后勤服务预测空间占用成本，制定满足未来发展需求的空间规划。

2. 空间分配

基于建筑信息模型对建筑空间进行合理分配，方便查看和统计各类空间信息，并动态记录分配信息，提高空间的利用率。

3. 人流管理

对人流密集的区域，实现人流检测和疏散可视化管理，保证区域安全。

13.4　资产管理

13.4.1　目标概述

利用 BIM 模型对资产进行信息化管理，辅助建设单位进行投资决策和制定短期、长期的管理计划。利用运营模型数据，评估、改造和更新建筑资产的费用，建立维护和模型关联的资产数据库，从而增强资产监管力度，降低资产的闲置浪费，减少和避免资产流失，使建设单位在资产管理上更加全面规范，从整体上提高资产管理水平。

13.4.2　准备工作

（1）收集 BIM 竣工模型，确保模型数据准确。
（2）收集各资产报表，财务报告等资料。

13.4.3　主要内容

1. 日常管理

利用 BIM 模型形成运营和财务部门需要的可直观理解的资产管理信息源，实时提供有关资产报表，主要包括固定资产的新增、修改、退出、转移、删除、借用、归还、计算折旧率及残值率等日常工作。

2. 资产盘点

按照盘点数据与 BIM 模型数据库中的数据进行核对，并对正常或异常的数据做出处理，得出资产的实际情况，并可按单位、部门生成盘盈明细表、盘亏明细表、盘亏明细附表、盘点汇总表、盘点汇总附表等，并分析模拟特殊资产更新和替代的成本测算。

3. 折旧管理

记录模型更新，动态显示建筑资产信息的更新、替换或维护过程，并跟踪各类变化折旧等，包括计提资产月折旧、打印月折旧报表、对折旧信息进行备份，恢复折旧工作、折旧手工录入、折旧调整。

4. 报表管理

可以对单条或一批资产的情况进行查询，查询条件包括资产卡片、保管情况、有效资产信息、部门资产统计、退出资产、转移资产、历史资产、名称规格、起始及结束日期、单位或部门。基于 BIM 模型的资产管理，财务部门可提供不同类型的资产分析。

13.5 应急管理

基于 BIM 的应急管理可为运维单位提供灾害发生后的应急管理平台，利用 BIM 及相应灾害分析模拟软件，可以在灾害发生前，模拟灾害发生的过程，分析灾害发生的原因，制定避免灾害发生的措施，以及发生灾害后人员疏散、救援支持的应急预案。

当灾害发生后，BIM 模型可以提供救援人员紧急状况点的完整信息，这将有效提高应对突发状况的能力。此外楼宇自动化系统能及时获取建筑物及设备的状态信息，通过 BIM 和楼宇自动化系统的结合，使得 BIM 模型能清晰地呈现出建筑物内部紧急状况的位置，甚至到紧急状况点最合适的路线，救援人员可以由此做出正确的现场处置，提高应急行动的成效。

13.6 能耗管理

13.6.1 目标概述

建筑运营阶段是检验建筑能耗管理结果的阶段，也是结合建筑物运营其他信息调整优化建筑能耗管理的阶段。

（1）从 BIM 综合数据库提取在项目前期、项目设计、项目施工过程中与建筑能耗控制要求所有相关的约束性条件，以及各个过程中对于建筑能耗管理分析模拟的规则和结果，对于运营阶段的能耗管理进行初始化的调整和实施。

（2）在实时采集人流、环境、设施设备运行等动态数据信息的基础上，集成建筑内各类能源消耗的实时数据和历史数据，提取 BIM 模型中相关信息，通过数据模拟和分析技术，在 BIM 可视化及参数化的环境中，进行多种条件下的运行能耗仿真预估，为不同建筑初期运行阶段的能源管理提供运行预案。

（3）在建筑运营稳定后，通过建筑能耗管理系统采集设备运行最优性能曲线（即使同类设备的个体也不同）、设备运行最优寿命曲线、设备运行监测数据等动态数据，结合 BIM 综合数据库内的静态信息（如设备参数指标，设备定位、设备维修更换情况、建筑空间布局调整）等，通过运行仿真预估，提供建筑能源优化管理预案。

13.6.2 准备工作

运营阶段的建筑能耗分析管理需准备以下四项内容：

1. 数据处理中心

对实际监测数据与模拟数据的分类、比对分析处理，得出目标建筑的能耗情况和节能控制方案。

2. 能耗模拟模块

补充和完善目标建筑的 BIM 模型，然后通过相关软件的分类和分项能耗模拟分析，并将分析结果存入数据库。

3. 实时监测数据采集模块

通过目标建筑安装的分类和分项能耗计量装置及时采集能耗数据，实现目标建筑能耗的在线监测，并将监测数据存入数据库。

4. 处理反馈模块

将节能控制方案反馈给相关的用能执行机构，用能执行机构响应后实现节能。

13.6.3 主要内容

(1) 对目标建筑进行 BIM 建模，或者对现有的 BIM 模型进行完善。完善的主要内容建筑基本情况数据和分类、分项能耗的一些参数。

(2) 根据需求提取 BIM 模型的建筑基本情况信息。

(3) 通过相关软件对目标建筑的 BIM 模型进行能耗仿真模拟，并存入数据库。包括模拟建筑物整体电量、水耗量、燃气量（天然气量或煤气量）集中供热耗热量、集中供冷耗冷量、其他能源应用量和碳排放分析，显示建筑物年、月、日、小时的电量、水耗量、燃气量等估计值，将这些值存入数据库。

(4) 对目标建筑实现在线监测，并存入数据库。

(5) 实际监测数据与模拟数据进行归类、比对、分析处理。目标建筑的 BIM 模型能耗仿真数据和通过计量装置采集的能耗数据都具备之后，数据处理中心就可以对数据进行归类，然后比对同类能耗数据，并存入数据库，最后对比对的结果进行分析。

(6) 及时反馈和响应节能控制方案。用能机构接收到数据处理中心反馈的节能控制方案后，启动响应节能控制方案，从而实时地进行能耗节能。

13.6.4 成果汇总

(1) 基于 BIM 的能耗管理分析系统。

(2) 一套及时反馈和响应节能控制方案。

13.7 培训管理

13.7.1 目标概述

基于 BIM 的建筑运维培训管理中，将过去的二维 CAD 图以三维模型的形式展现给建筑运维中的相关主体（包括建设单位、物业管理单位、安全检查人员、设备维修人员、使用人员等），将使各相关主体更能加容易直观地理解整个建筑的运维状态，提高相关主体的参与程度及培训效率，让其尽快融入角色。

13.7.2 准备工作

(1) 收集 BIM 运维模型，确保模型数据准确。

(2) 各建筑运维设施的使用手册及其他运维相关资料。

13.7.3 主要内容

1. 建筑运维介绍

利用 BIM 模型的三维可视化，对运维相关主体进行建筑总体运维情况介绍。对于不同的空间尺寸、空间形状、空间运维状态、合同状态，用仿真的规格、材质、色彩形象表述，并运用标签的方式加入图形、实例以及文字，尽可能地将模型中集成的信息以可视化手段表达，使运维相关主体可以直观地查看物业空间当前的布局情况和以空间为载体的设备状况，便于他们更好的理解建筑运维状态及自己相关工作实施，减少运维工作中的决策错漏。

2. 模型应用

根据不同的运维相关主体的需求，对其进行相应的 BIM 模型应用培训，包括相关软件操作，基于 BIM 的各种设备智能化应用，基于 BIM 模型的移动设备端使用，云平台管理端使用，模型查看、修改，相关数据的增加、删减及修改等。

第 14 章　项目 BIM 实施

14.1　项目 BIM

前述章节详细说明 BIM 局部应用点实施方法和流程，在项目层面实施 BIM 技术，涉及技术、管理等多方面工作，以及资源配套。本章重点阐述如何结合前文内容，针对项目进行策划并实施 BIM 技术的总路线。

完整的项目 BIM 实施过程包括项目策划阶段、项目实施阶段、项目交付验收阶段，以下逐一展开阐述。

14.2　项目策划阶段

14.2.1　策划人员（团队）

确定项目采用 BIM 后，需针对该项目实施 BIM 的策划工作。严谨合理的 BIM 策划方案对于成功实施 BIM 技术，并取得良好的预期效果非常关键。

项目策划阶段的前提是专业的 BIM 策划人员（或视具体情况组建策划团队，下文同此），策划人员应当具备一定的工程专业背景，熟悉工程业务流程，并具有满足项目需求的 BIM 经验。对于业主、承包商等自身不具备以上条件的情况，可选择专业的第三方咨询机构等承接项目 BIM 策划工作，以期获得项目 BIM 策划方案。

需要说明，策划团队和项目实施阶段的 BIM 实施团队是不同的概念，各自有不同的工作内容和界定。策划团队从项目全局着眼，对项目实施 BIM 进行统筹策划，而实施团队是策划内容的直接执行者。但策划团队可以是 BIM 实施团队，视具体情况而定。

14.2.2　策划工作步骤

选定策划人员后，接下来由策划人员开展具体的策划工作。本指南给出通用的工作步骤，以供参考。根据项目特点，可适当调整策划工作，以符合项目特点和需求。

1. 调查分析

策划工作的第一步，是正确全面地摸清企业和项目的情况，包括开展工程项目的业务流程、欲采用 BIM 的项目特点、技术人员条件、BIM 技术熟悉程度等内部环境，外部应掌握企业在行业内的地位、发展趋势等环境条件。全方位掌握项目的状况，有利于策划人员制定切实可行的策划方案。

2. 明确定位

充分掌握项目信息的基础上，策划人员应根据内外部环境和项目需求，为项目明确 BIM 实施的合理定位。

因为每家企业的情况不同，甚至同一家企业的各个项目都不同，因此对项目实施 BIM 技术，具有极强的针对性。实施 BIM 的深度和范围、实施 BIM 要达到的效果、预期取得的成果等都需要根据调查分析的结果来制定。只有遵循项目发展规律，因地制宜，找准符合项目的定位，才能获得可实施、有操作性的策划。

3. 编制策划

最后在前面一系列工作基础上，编制项目 BIM 实施策划方案，策划方案的组成内容在下节详细阐述。

实际上，在前两步工作进行过程中已产生了部分策划工作成果。策划工作是动态发展的过程，在这一过程中对项目和 BIM 工作的思考逐渐深入清晰，具体工作包括前期成果的完善和其他策划内容的总结和编写。

最终，策划工作全部完成，将策划内容形成文字，提供一份（或一套）完整的项目 BIM 实施策划。

14.2.3 策划内容

本小节详细阐述项目 BIM 实施策划文件的具体组成内容，作为项目实施阶段 BIM 工作的依据和指导。

以下列出的策划内容，应当按照前述的策划工作步骤有计划分步完成。每一项内容，都给出应当在哪一工作步骤完成的建议，但不要求严格执行，策划人员可根据项目具体情况进行调整，采用交叉或平行的方式灵活开展相关工作内容。项目策划阶段结束，将策划内容进行整合，形成逻辑严密、实用可操作的策划方案。

1. 环境评估

该项策划内容须在策划第一步完成。

该项工作主要是通过多途径、系统的搜集和整理项目相关资料，然后进一步准确客观的评价项目涉及的软硬件条件，各种有利和不利因素，找到 BIM 实施的最佳结合点。

通过实地考察、与一线技术人员交流等方式，并结合同类型项目的案例资料等，经过策划人员的创造性工作，编制出环境评估内容，为后续策划内容提供有力支持和依据。

2. BIM 目标和应用点

该项工作在策划工作第二步开展，注意的是项目策划阶段选择应用点后，可在项目实施阶段进行增删、调整等结合实际进行完善。

在前面环境评估的基础上，结合各个 BIM 应用点在项目应用的价值体现，选择合适的项目应用点，保证项目 BIM 实施过程中相关工作的有序合理开展，做到有条不紊，避免盲目使用的情况发生。

确定 BIM 技术应用点时，需要综合考虑项目特点、BIM 实施的目的和需求、项目团队的能力、当前的技术水平、BIM 实施成本、项目经济社会效益等多方面因素，对每一个 BIM 技术应用点的合理性进行重点讨论，分析每个应用点可能给项目带来的应用价值、实施成本以及相应风险等。

本书第 10～12 章，列出了各阶段可能实施的 BIM 应用点，供本策划内容参考。

3. 项目 BIM 应用流程

该项策划内容可在策划工作第二步完成。

如果项目采用多个 BIM 技术应用点，为合理组织各应用点之间的关系和实施顺序，确保项目 BIM 工作有序开展，需针对该项目制定合理的 BIM 技术实施流程。

根据确定的 BIM 应用点以及 BIM 在工程项目不同实施阶段的应用内容，合理调整 BIM 技术应用点在总体流程中的顺序和位置，绘制项目整体 BIM 技术应用流程图，明确各 BIM 应用点之间的关系。

（1）确定每个阶段 BIM 技术应用过程相关参与方和责任制，保证每个阶段 BIM 实施质量与效率。一般 BIM 技术应用过程参与方有多个，根据项目特点确定合适完成某个过程的参与方，被确定的责任方需要清楚每个 BIM 技术应用过程中的执行工作与责任。

（2）明确 BIM 流程中各过程之间关键的信息交换需求，确定项目参与方之间的信息交换行为，让所有参与方了解在不同项目阶段所交付的 BIM 应用成果内容。

该项策划内容是策划工作的一个重点，本书第 10～12 章提供了每个应用点独立实施时的完整流程。在项目策划阶段，策划人员需要从项目层面出发，将选择的多个应用点有机整合，定制出一条包含多应用、满足多需求、符合项目实际的项目 BIM 实施流程。

4. 项目 BIM 实施模式

该项策划内容可在策划工作第二步或第三步完成。

定制项目 BIM 实施流程后，从策划到落地执行，如何运作完成有不同的方式。因此在项目策划阶段，应根据企业 BIM 建设的现状和能力、建设项目的特点等因素综合考虑，从以下选择适合的项目 BIM 实施模式。常见的实施模式主要有 BIM 外包、企业内部实施、混合模式三种。

BIM 外包是将整个项目的 BIM 工作给相关专业咨询公司来实施，咨询公司提交满足项目交付要求的成果，这种模式适用于 BIM 建设还处在前期探索阶段的企业和项目。

企业内部实施是根据现有资源自行组建项目 BIM 团队完成实施相关工作，适用于对 BIM 技术有深刻了解和应用经验的企业。

混合实施是在施工方统一管理下，部分 BIM 实施工作外包给第三方，在项目 BIM 实施过程中，施工方作为 BIM 技术实施者和应用者，对 BIM 技术应用工作应承担主导作用。由他们提出 BIM 技术应用工作要求，接受 BIM 技术应用交付成果，并对 BIM 服务方和参与方进行管理。各参与方按照与施工项目的合同约定，完成自身实施工作并积极配合其他参与方，最终提交相应的 BIM 技术应用工作成果。

5. 项目 BIM 实施配套措施

该项策划内容可在策划工作第三步完成。

项目 BIM 实施不仅仅是工具软件的操作，还往往涉及应用过程所需要的岗位协同和业务流程，涉及人才队伍的培养和考核，它需要相关配套制度的保障和支持，只有将 BIM 技术与项目管理体系科学的结合使用，才可以将应用价值最大化。

因此要结合项目自身情况进行重点研究讨论，建立合理适用的 BIM 技术应用实施配套体系。主要以下几个方面：

（1）信息交换和数据标准配套

制定项目内部使用的配套标准文件，如建模基本原则、质量控制原则、文件管理、模型内容、模型管理规定、信息交换规定等技术文件。

（2）人力和组织配套

定义组织架构及组织中每个岗位角色的职责及要求，制定 BIM 相关岗位工作手册。

（3）管理制度配套

项目工作计划管理机制：明确各级项目计划的制定、检查流程，如整体计划、阶段计划、周计划。

沟通机制：制定电子文件管理制度、项目例会制度，保证项目参与方沟通及时。

风险管理机制：对项目实施风险进行识别，并制定相应的解决方案。

项目考核机制：包括实施团队成员考核规范、BIM 应用人员考核规范等。

（4）设施配套

根据项目实施 BIM 需要选择软件、硬件、网络配置要求以及实施团队办公位置、培训地点等计划安排。

6. BIM 培训计划

该项策划内容可在策划工作第三步完成。

BIM 技术人才储备是项目 BIM 实施能否成功的关键因素，所以在项目策划阶段应制定系统的、有计划的 BIM 基础知识及软件操作培训计划，提升人员对实际项目 BIM 应用的操作能力。构建针对项目的 BIM 培训体系，需要注意以下几个方面：

（1）制定详细培训实施方案，明确培训目标、培训范围、培训对象、培训计划等内容，保障培训的效果；

（2）根据不同培训对象，采用相应的培训方案和培训模式。对于项目领导层，侧重 BIM 技术的概念和应用价值；对于管理层，重点讲解 BIM 技术对提升管理水平的应用价值；对于执行层，主要培训具体的软件操作流程和步骤；

（3）建立培训考核机制，保证培训效果。根据需要，可将培训考核成绩与个人工作绩效挂钩，激励学员掌握 BIM 技术的操作和应用。

14.3 项目实施阶段

项目策划阶段结束，项目 BIM 实施策划编制完成。到项目实施阶段，工作重点转向如何执行项目 BIM 实施策划，将策划的 BIM 工作真正落地，下面分步详述。

14.3.1 实施准备

1. 组建项目 BIM 实施团队

本阶段首要工作是组建项目 BIM 实施团队。如前文所述，实施团队和策划团队工作内容不同，实施团队是具体执行者，负责按照策划方案在项目中具体实施 BIM 技术。

根据项目 BIM 实施模式，从 BIM 外包、企业内部实施、混合模式三种方式中选择适合项目的方式组建实施团队。选择 BIM 团队人员时，应注重技术和经验、团队协作能力、执行力等能力要素。

2. 落实配套措施

为项目 BIM 实施团队的人员分配职责，并制定相应的岗位 BIM 工作手册（指南），明确各人员的工作内容以及行为规范，并正式发布，须做到项目 BIM 工作正式启动前，各 BIM 人员掌握文件内容，有利于尽快达到实际操作的目的。

项目策划阶段建立的各项管理机制进行细化、具体化，制定出能够指导具体 BIM 工作的规范。

根据策划要求，布置电脑等硬件设施，配置软件和网络等，保证在规定的节点时间内使设施调试到位，正常运作。

对于 BIM 相关技术文件，根据策划内容进一步完善，并在 BIM 实施团队内部发布，做到各人员熟练掌握相关规则，利用 BIM 实施工作顺畅有序、统一做法、协同最大化。这项工作直接影响 BIM 实施质量和成败，极其关键，接下来将对此重点阐述。

3. 开展 BIM 培训

依据项目策划方案的培训计划，在项目 BIM 工作正式开始之前应启动 BIM 培训的具体工作，做到 BIM 相关人员能够掌握 BIM 技术的基本概念和常规软件一般操作。

培训工作可跟进项目一直延续到实施阶段结束。通过后期结合项目开展培训的方式，能够最大程度融合项目实际问题，加深 BIM 人员对 BIM 的理解。

14.3.2　BIM 配套技术文件

数据是应用 BIM 技术正常开展业务工作的基础，而模型是数据的载体，模型质量的高低直接影响 BIM 技术应用深度与价值。为保证 BIM 实施效果，在实施过程中项目各个专业信息模型（建筑、结构、钢结构、机电、幕墙等）的创建必须严格按照建模规范。

因此在建模工作开始之前，应做好模型创建、文件管理的规范工作。依据策划方案的项目 BIM 实施配套措施要求，实施前应至少进行如下工作：

1. 制定项目 BIM 建模规则

建模规则应符合项目要求，并明确各专业的建模精度、深度、属性要求等方面，保证不同专业的 BIM 模型可以精确集成并能用于后续应用。建模规则主要包括以下内容：

（1）建模软件标准，确定各专业采用的建模软件及版本；

（2）模型整合和数据交换，确定软件提交模型原始格式、BIM 链接模型要求、浏览模型要求、BIM 模型导出数据标准规范等；

（3）建模公共信息，包括统一模型原点、统一单位、度量制、统一模型坐标系、统一楼层标高等；

（4）模型文件命名规定，可依据《广州市 BIM 应用指南》标准命名；

（5）模型构件颜色规定，模型构件应有统一的颜色规定；

（6）模型各类构件的关键属性录入要求；

（7）模型数据导出标准等。

2. 制定项目 BIM 文件管理规则

创建相应的项目资源文件夹，规划清楚项目文件夹目录结构，存储项目 BIM 实施过程中各参与方之间的资料、数据、成果等文件，实现各项交付成果的版本控制与文件的高效管理。

根据项目实际需要，文件夹的一级目录一般可以设置模型文件、参照文件、基础文件、应用文件、共享文件、存档文件、其他等几个方面。在文件目录架构建立好之后，项目参与方按照文件目录进行文件存储。二级以下的文件夹目录的设置可根据具体情况进行适当调整。

14.3.3 实施 BIM 应用

根据项目策划阶段确定的 BIM 应用点以及 BIM 实施流程循环渐进开展 BIM 工作，下面对常规的 BIM 应用点在项目中实施应关注的重点内容进行介绍。

1. 图纸审查

在创建土建、机电、钢结构等专业模型过程中，通过比对、查找去发现原始图纸未标注、矛盾点、设计不规范等问题，及时与项目部人员沟通，通过讨论后并以"图纸问题报告"的形式反馈给甲方、设计院，组织相关人员对复杂问题进行会议讨论，优化设计图纸，最后做出检查报告发放给项目部技术人员，确保正确的施工图指导施工，避免因图纸错误而带来的二次施工和返工。

2. 碰撞检查与管线综合

将建筑、结构、机电（暖通、给水排水、电气、消防和弱电）、幕墙、装饰、电梯等各专业 BIM 模型整合到一起构成完整的建筑模型，并将整体模型导入基于 BIM 技术的分析软件中检测碰撞冲突的类型及位置并生产报告，根据碰撞报告对碰撞问题进行分析和协调，对涉及多个专业分包的复杂问题，及时通知业主、总包、各专业顾问、相关分包商等召开协调会。通过开展各阶段的管线综合排布，生成相应的孔洞预留报告，避免返工和浪费，节约成本投入。

3. 可视化和沟通

制作基于 BIM 的方案模型提供给工程人员，针对关键节点，通过二维与三维相结合的表达方式，使工程人员通过模型浏览更直观地对工程方案进行了解和分析，从而提高方案的可视化交流能力，使问题更易于在施工前发现并修改，方便更直观地讨论与决策，从而提高工作效率。

4. 进度控制

定制基于 BIM 技术的施工进度协作流程，根据不同工程特点建立 BIM 模型。基于 BIM 模型，通过必要的调整，建立模型与 WBS 和进度计划的关联关系，录入实际施工进度进行施工进度对比和分析，根据结果对施工进度计划进行优化调整。并基于 4D 模型的施工过程模拟，可动态查询与统计施工进度信息，实现基于 BIM 技术的施工进度管控。

5. 成本控制

在项目开始前建立 5D 计划模型，将三维几何模型中各构件与其合同进度信息及合同清单造价进行关联。通过该模型，计算、模拟和优化对应于各施工阶段的劳务、材料、设备等的需用量，从而建立劳动力计划、材料需求计划和机械计划等，在此基础上形成项目成本计划。在项目施工过程中的材料控制方面，按照施工进度情况，通过 5D 模型自动提取需求计划，并根据材料需求计划指导采购，进而控制班组限额领料，避免材料方面的超支；在计量支付方面，根据实际完成进度，利用 5D 模型自动计算完成的工程量并向业主报量，与分包核算，提高计量工作效率，方便根据总包收入控制支出进行。在施工过程中周期地对施工实际支出进行统计，并将结果与成本计划进行对比，根据对比分析结果修订下一阶段的成本控制措施，将成本控制在计划成本范围内。

14.4　项目交付验收阶段

14.4.1　交付成果

1. 模型提交成果要求

模型提交成果应符合以下要求：

（1）项目各参与方应根据合同约定的 BIM 内容，按节点要求按时提交成果，并保证交付成果要求符合相关合同范围及标准要求；

（2）项目各参与方在提交 BIM 成果时，参与方 BIM 负责人应将 BIM 成果交付函件、签收单、BIM 成果文件一并提交 BIM 总控方；

（3）项目各参与方在项目 BIM 实施过程中提交的所有成果，应接受 BIM 总控方的管理与监督。

2. 成果交付格式

BIM 应用成果需提供原始模型文件格式，对于同类文件格式应使用统一的版本，基于 BIM 模型所产生的其他各应用类型的交付物，一般都是最终的交付成果，强调数据格式的通用性，这类交付成果可提供标准的数据格式有：RVT、NWD、PDF、DWF、AVI、WMV、FLV 等。

3. 成果交付内容

BIM 模型成果交付内容包括设计、施工两大类内容，如表 14-1 所示：

各阶段交付成果　　　　　　　　　　　　　　　　　　表 14-1

序号	阶段	交付单位	交付成果
1	设计阶段	设计单位	(1)各阶段设计模型； (2)BIM 导出的二维图纸； (3)各阶段基于 BIM 的分析报告； (4)设计阶段工程量统计分析报告及工程量清单； (5)设计变更模型等
2	施工阶段	施工总包及专业分包	(1)管线综合分析报告及图纸深化； (2)施工场地布置模拟(含场地布置方案文档)； (3)施工设备模拟(含设备清单文档)； (4)施工进度模拟(含施工进度计划文档)； (5)施工工艺模拟(含施工技术交底文档)； (6)施工节点验收可视化视频展示； (7)施工阶段工程量统计分析报告及工程量清单； (8)施工阶段节点模型； (9)施工竣工模型

14.4.2　成果验收

1. 成果验收工作管理

（1）BIM 总控方作为 BIM 工作质量监督方，应协对各参与方交付的 BIM 模型成果和

BIM 应用成果进行质量检查；

（2）BIM 交付成果审查应包括自检、BIM 总控方审查两个环节的审查工作；

（3）BIM 总控方以书面记录的方式整理质量检查结果，各参与方根据 BIM 总控方的要求进行校核和调整；

（4）对于不合格的模型交付物，将明确告知相关参与方不合格的情况和整改意见，由相关参与方进行整改；

（5）全部验收合格的 BIM 成果，由 BIM 总控方接收归档。

2. 成果验收结果归档

（1）验收结果意见

根据检查的内容，需要将最终的检查结果意见形成规范的格式文件并归档。验收结果中，应以截图形式辅助说明模型（成果）中存在的问题，同时应准确描述模型（成果）问题的位置。

（2）结果提交

形成的模型（成果）验收报告，应该转换为规定文件格式，统一由 BIM 总控方提交，同时抄送给各参与方。

（3）结果归档

模型（成果）验收文件，应该作为该项目的成果文件进行归档，由 BIM 总控方整理保存，上传至项目管理平台归档。

附录 A 模型细度

模型细度见表 A-1～表 A-26。

说明：

（1）本附录提供设计阶段、施工阶段信息模型内容。

（2）随项目推进，模型内容和包含信息逐渐丰富。为避免重复陈列、表格冗赘，从初步设计开始，部分表格内包含前述表格编号和标题，表示此表包含前述表格的模型元素和信息，在此表基础上进一步发展而来。

（3）本附录所列各阶段的模型元素和信息，在具体实施中可根据项目实际需求和 BIM 应用需要进行调整。

模型细度等级划分 表 A-1

名称	代号	形成阶段
方案设计模型	LOD100	方案设计阶段
初步设计模型	LOD200	初步设计阶段
施工图设计模型	LOD300	施工图设计阶段
深化设计模型	LOD350	深化设计阶段
施工过程模型	LOD400	施工实施阶段
竣工验收模型	LOD500	竣工验收阶段

方案设计模型建筑专业元素及信息 表 A-2

模型元素	几何信息	非几何信息
地形、道路	高程、坐标、位置布局等	材质
内外墙、柱、门窗、卫浴洁具、幕墙、楼梯、坡道、栏杆扶手、室内设施	位置关系、方向等	材质、类型
楼板、天花	形状样式、范围、标高等	材质
外饰层	样式、范围、位置关系等	材质、颜色
园林景观、场地设施	造型、范围、标高等	植被品种名称

初步设计模型建筑专业元素及信息 表 A-3

模型元素	几何信息	非几何信息
表 A-2 建筑专业方案设计模型包括的元素及信息		
内外墙（非承重）、柱（非承重）、门窗、卫浴洁具、楼梯、坡道、栏杆扶手、室内设施	尺寸样式、位置关系、方向等	材质、类型、编号（门窗及楼梯）
楼地面	形状、范围、标高、厚度等	材质
园林景观、场地设施	尺寸、样式、范围、标高等	植被品种名称

续表

模型元素	几何信息	非几何信息
幕墙	尺寸样式、分格间距等	材质、颜色、构造等
预留孔洞、套管	尺寸、形状样式、位置关系	功能用途

初步设计阶段模型结构专业元素及信息　　　　表 A-4

模型元素	几何信息	非几何信息
基础、墙（承重）、柱（承重）、梁、楼板、楼梯、排水沟、集水坑	标高、几何尺寸、平面定位、形状样式等	编号、材质、材料强度等级
预留孔洞、套管	尺寸、形状样式、位置关系	功能用途

初步设计模型给排水专业元素及信息　　　　表 A-5

模型元素类型	模型元素	几何信息	非几何信息
管道	给水、排水、中水、消防、喷淋等各系统干管管道及其管件	管径、壁厚、平面定位、标高	系统、类型、材料
设备	水泵、储水装置、压力容器、过滤设备、污水池等	几何尺寸、平面定位、标高	规格、技术参数，与管道相连接的设备应赋予系统信息

初步设计模型暖通空调专业元素及信息　　　　表 A-6

模型元素类型	模型元素	几何信息	非几何信息
风管	各系统风管干管及其风管管件、风管附件、保温层	截面尺寸、平面定位、标高	系统、类型、材料
水管	空调水管干管及其管件、管道附件、保温层	管径、壁厚、平面定位、标高	系统、类型、材料
设备	冷热源设备（如冷水机组、冷却塔、蒸发式冷气机、锅炉、热泵）；空调设备（空调机组、风机盘管）；通风设备（通风机、净化设备）	几何尺寸、平面定位、标高	规格、技术参数，与风管、管道相连接的设备应赋予系统信息

初步设计模型电气专业元素及信息　　　　表 A-7

模型元素类型	模型元素	几何信息	非几何信息
输配电器材	封闭母线、电缆桥架或线槽的主要干线	截面尺寸、平面定位、标高	类型、材料、敷设方式，母线应包含规格信息
供配电设备	配电成套柜、配电箱、控制箱	几何尺寸、平面定位、标高	规格、技术参数、编号、回路编号
	变压器及配电元器件、发电机、备用电源、监控系统及辅助装置	几何尺寸、平面定位、标高	规格、技术参数

施工图设计模型建筑专业元素及信息　　　　表 A-8

模型元素	几何信息	非几何信息
<td colspan="3" align="center">表 A-3　建筑专业初步设计模型包括的元素及信息</td>		
地形、道路	高程、坡度、坐标、位置布局等	材质
内外墙（非承重）、柱（非承重）、门窗、卫浴洁具、楼梯、坡道、栏杆扶手	标高、平面定位、几何尺寸	材质、构造、功能、颜色、编号（门窗、楼梯）、类型等
幕墙	几何尺寸、定位关系	材质、编号、类型、构造、与主体结构之间的支撑关系等
楼地面	几何尺寸、范围、标高等	材质、构造样式

模型元素	几何信息	非几何信息
装饰面层、隔断、地面铺装、墙面铺装、天花吊顶、室内设施	平面定位、标高、与主体结构位置关系、几何尺寸、范围等	材质、构造、功能、颜色、类型、安装样式等
地形、植被、花木、水景、景观小品、园林景观设施	几何尺寸、范围、标高、样式等	材质、颜色、植被品种类型等
预留孔洞、套管	几何尺寸、定位尺寸	功能用途、材质等

施工图设计模型结构专业元素及信息 表 A-9

模型元素	几何信息	非几何信息
表 A-4 结构专业初步设计模型包括的元素及信息		
基础、墙(承重)、柱(承重)、梁、楼板、楼梯、坡道、排水沟、集水坑	平面定位、标高、几何尺寸	编号、材质、材料强度等级、承载力特征值、材料、构造样式等
预埋件、预埋螺栓、预留孔洞、套管	几何尺寸(如半径、壁厚)、定位尺寸	功能用途、材料、构造样式
节点	几何尺寸、定位尺寸	编号、材料、钢筋信息(等级、规格等)、型钢信息、节点区预埋信息、节点连接信息等

施工图设计模型给排水专业元素及信息 表 A-10

模型元素类型	模型元素	几何信息	非几何信息
表 A-5 给排水专业初步设计模型包括的元素及信息			
管道	除初步设计模型中的干管模型外,应补充各系统所有管道及其管件、管道附件	管径、壁厚、平面定位、标高	系统、类型、材料、敷设方式、立管编号
控制与计量设备	阀门、水表、流量计等	几何尺寸、平面定位、标高	类型、规格、技术参数
消防设备	消火栓、喷头、灭火器	几何尺寸、平面定位、标高	类型、规格、技术参数
排水部件	地漏、清扫口	几何尺寸、平面定位	规格

施工图设计模型暖通空调专业元素及信息 表 A-11

模型元素类型	模型元素	几何信息	非几何信息
表 A-6 暖通空调专业初步设计模型包括的元素及信息			
风管	除初步设计模型中的干管模型外,应补充各系统所有风管及其风管管件、风管附件、保温层	截面尺寸、平面定位、标高	系统、类型、材料、敷设方式、立管编号
水管	除初步设计模型中的干管模型外,应补充所有空调水管及其管件、管道附件、保温层	管径、壁厚、平面定位、标高	系统、类型、材料、敷设方式、立管编号
阀门、末端及其他部件	阀门、通风口(如散流器、百叶风口、排烟口等)、消声器、减震器、隔振器、阻尼器等部件	几何尺寸、平面定位、标高	规格、技术参数、末端编号
设备	除初步设计模型中的设备模型外,应补充补水装置(膨胀水箱或定压补水装置)、水泵	包括:几何尺寸、平面定位、标高	规格、技术参数、编号

施工图设计模型电气专业元素及信息   表 A-12

模型元素类型	模型元素	几何信息	非几何信息
表 A-7 电气专业初步设计模型包括的元素及信息			
输配电器材	除初步设计模型中的干线模型外，应补充各系统所有封闭母线、电缆桥架或线槽及其配件	截面尺寸、平面定位、标高	类型、材料、敷设方式，母线应包含规格信息
设备	除初步设计模型中的设备模型外，应补充照明、防雷、消防、安防、通信、自动化、开关插座等设备	几何尺寸、平面定位、标高	规格、技术参数

深化设计模型土建专业元素及信息   表 A-13

模型元素类型	模型元素	几何信息	非几何信息
表 A-8、表 A-9 建筑专业和结构专业施工图设计模型包括的元素及信息			
二次结构	构造柱、过梁、止水反梁、女儿墙、压顶、填充墙、隔墙等	几何尺寸（长、宽、高、直径）和定位（轴线、标高）	类型、材料、工程量等信息
预制构件	梁、板、柱、墙等预制件	几何尺寸（长、宽、高、直径）和定位（轴线、标高）	类型、材料等信息
模型元素类型	模型元素	几何信息	非几何信息
预埋构件	预埋件、预埋管、预埋螺栓等，以及预留孔洞	几何尺寸（长、宽、高、直径）和定位（轴线、标高）	类型、材料等信息
节点	构成节点的钢筋、混凝土，以及型钢、预埋件等	几何尺寸（长、宽、高、直径）、定位（轴线、标高）及排布	节点编号、节点区材料信息、型钢信息、节点区预埋信息等

深化设计模型给排水专业元素及信息   表 A-14

模型元素类型	模型元素	几何信息	非几何信息
表 A-10 给排水专业施工图设计模型包括的元素及信息			
管道	除施工图设计模型中的模型外，应补充管道保温层	管径、壁厚、保温材料厚度、平面定位、标高	系统、类型、材料、敷设方式、立管编号、安装信息
控制与计量设备	阀门、水表、流量计等	几何尺寸、平面定位、标高	类型、规格、技术参数、安装信息
设备	水泵、储水装置、压力容器、过滤设备、污水池、消火栓、喷头、灭火器	几何尺寸、平面定位、标高、配套管件及阀件的空间定位信息	类型、规格、技术参数、安装信息
排水部件	地漏、清扫口	几何尺寸、平面定位、标高	规格、安装信息
管道安装	管道支架和吊架	几何尺寸、平面定位、标高	类型（如型钢类型、管夹类型等）、材料、结构分析信息（如抗拉、抗弯）、安装信息

深化设计模型暖通空调专业元素及信息   表 A-15

模型元素类型	模型元素	几何信息	非几何信息
表 A-11 暖通空调分析施工图设计模型包括的元素及信息			
风管	各系统所有风管及其风管管件、风管附件、保温层	截面尺寸、平面定位、标高、安装间距、预留孔洞位置和尺寸	系统、类型、材料、敷设方式、立管编号、安装信息
水管	所有空调水管及其管件、管道附件、保温层	管径、壁厚、平面定位、标高、安装间距、预留孔洞位置和尺寸	系统、类型、材料、敷设方式、立管编号、安装信息

续表

模型元素类型	模型元素	几何信息	非几何信息
其他部件	阀门、风口(如散流器、百叶风口、排烟口等)、消声器、减震器、隔振器、阻尼器等部件	几何尺寸、平面定位、标高	规格、技术参数、末端编号、安装信息
设备	施工图设计模型元素	几何尺寸、平面定位、标高、配套管件及阀件的空间定位信息、配套管件及阀件的空间定位信息	规格、技术参数、编号、安装信息
管道安装	管道支架和吊架	几何尺寸、平面定位、标高	类型(如型钢类型、管夹类型等)、材料、结构分析信息(如抗拉、抗弯)、安装信息

深化设计模型电气专业元素及信息 表 A-16

模型元素类型	模型元素	几何信息	非几何信息
表 A-12 电气专业施工图设计模型包括的元素及信息			
输配电器材	施工图设计模型元素	截面尺寸、平面定位、标高	类型、材料、敷设方式,母线应包含规格信息、安装信息
照明设备	照明配电箱、照明灯具及其附件、通断开关及插座、照明配电桥架(线槽)等部件	几何尺寸、平面定位、标高	类型、材料、敷设方式、安装方式、技术参数、安装信息
弱电系统设备	弱电系统(包括消防自动报警系统、安防系统、通信系统、自动化控制系统)设备及其附件、弱电系统敷设桥架(线槽)等部件	几何尺寸、平面定位、标高	类型、材料、敷设方式、安装方式、技术参数、安装信息
供配电设备	配电成套柜、配电箱、变压器及配电元器件、发电机、备用电源、监控系统及辅助装置	几何尺寸、平面定位、标高	型号、类型、材料、敷设方式、技术参数、安装信息
电缆、桥架等安装	支架和吊架	几何尺寸、平面定位、标高	类型(如型钢类型、管夹类型等)、材料、结构分析信息(如抗拉、抗弯)、安装信息

深化设计模型钢结构专业元素及信息 表 A-17

模型元素类型	模型元素	几何信息	非几何信息
表 A-9 结构专业施工图设计模型包括的元素及信息			
节点	连接板、加劲板等	几何尺寸(长、宽、高、直径)、定位(轴线、标高)	编号信息、材质信息、表面处理方法等
预埋件		几何尺寸(长、宽、高、直径)、定位(轴线、标高)	编号信息、材质信息
预留孔洞	钢梁、钢柱、钢板墙、压型金属板等构件上的预留孔洞	几何尺寸(长、宽、高、直径)、定位(轴线、标高)	

深化设计模型幕墙专业元素及信息 表 A-18

模型元素	几何信息	非几何信息
表 A-8、表 A-9 建筑和结构专业施工图设计模型包括的元素及信息		

续表

模型元素	几何信息	非几何信息
幕墙面板、龙骨	几何尺寸(长、宽、高、直径)、定位(轴线、标高)	施工工艺、编号信息、规格、材质信息、物理性能等

深化设计模型装饰专业元素及信息   表 A-19

模型元素	几何信息	非几何信息
表 A-8～表 A-12 施工图设计模型包括的元素及信息		
门、窗、扶手、顶棚、面层	几何尺寸(长、宽、高、直径)、定位(轴线、标高)	类型、材质信息、物理性能、防火等级、工程量等

施工过程模型土建专业元素及信息   表 A-20

模型元素类型	模型元素	非几何信息
表 A-13 深化设计模型土建专业包括的元素及信息		
主体结构	基础、梁、板、柱等	材料信息、生产信息、构件属性信息、工艺工序信息、成本信息、质检信息
二次结构	构造柱、过梁、止水反梁、女儿墙、压顶、填充墙、隔墙等	材料信息、工艺工序信息、成本信息
预制构件	梁、板、柱、墙等预制件	材料信息、生产信息、构件属性信息、工艺工序信息、成本信息、质检信息
预埋构件	预埋件、预埋管、预埋螺栓等,以及预留孔洞	材料信息、生产信息、构件属性信息、成本信息、质检信息
节点	构成节点的钢筋、混凝土,以及型钢、预埋件等	材料信息、生产信息、构件属性信息、工艺工序信息、成本信息、质检信息

施工过程模型给排水专业元素及信息   表 A-21

模型元素类型	模型元素	几何信息	非几何信息
表 A-14 深化设计模型给排水专业包括的元素及信息			
管道	所有给排水水管及其管件、管道附件、保温层	管径、壁厚、保温材料厚度、平面定位、标高	系统、类型、材料、敷设方式、立管编号、产品信息、安装信息
控制与计量设备	阀门、水表、流量计等	几何尺寸、平面定位、标高	类型、规格、技术参数、产品信息、安装信息
设备	水泵、储水装置、压力容器、过滤设备、污水池/消火栓、喷头、灭火器	几何尺寸、平面定位、标高、配套管件及阀件的空间定位信息	类型、规格、技术参数、产品信息、安装信息、荷载信息
排水部件	地漏、清扫口	几何尺寸、平面定位、标高	规格、产品信息、安装信息
管道支架和吊架	管道支架和托吊架	几何尺寸、平面定位、标高	类型(如型钢类型、管夹类型等)、材料、结构分析信息(如抗拉、抗弯)、产品信息、安装信息

施工过程模型暖通空调专业模型元素及信息   表 A-22

模型元素类型	模型元素	几何信息	非几何信息
表 A-15 深化设计模型暖通空调专业包括的元素及信息			

续表

模型元素类型	模型元素	几何信息	非几何信息
风管	各系统所有风管及其风管管件、风管附件、保温层	截面尺寸、平面定位、标高、安装间距、预留孔洞位置和尺寸	系统、类型、材料、敷设方式、立管编号、产品信息、安装信息
水管	所有空调水管及其管件、管道附件、保温层	管径、壁厚、平面定位、标高、安装间距、预留孔洞位置和尺寸	系统、类型、材料、敷设方式、立管编号、产品信息、安装信息
其他部件	阀门、风口（如散流器、百叶风口、排烟口等）、消声器、减震器、隔振器、阻尼器等部件	几何尺寸、平面定位、标高	规格、技术参数、末端编号、产品信息、安装信息
设备	施工图设计模型元素	几何尺寸、平面定位、标高、配套管件及阀件的空间定位信息、配套管件及阀件的空间定位信息	规格、技术参数、编号、产品信息、安装信息、荷载信息
管道安装	管道支架和吊架	几何尺寸、平面定位、标高	类型（如型钢类型、管夹类型等）、材料、结构分析信息（如抗拉、抗弯）、产品信息、安装信息

施工过程模型电气专业元素及信息 表 A-23

模型元素类型	模型元素	几何信息	非几何信息
	表 A-16 深化设计模型电气专业包括的元素及信息		
输配电器材	施工图设计模型元素	截面尺寸、平面定位、标高	类型、材料、敷设方式、产品信息、安装信息，母线应包含规格信息
照明设备	照明配电箱、照明灯具及其附件、通断开关及插座、照明配电桥架(线槽)等部件	几何尺寸、平面定位、标高	类型、材料、敷设方式、安装方式、技术参数、产品信息、安装信息
弱电系统设备	弱电系统(包括消防自动报警系统、安防系统、通信系统、自动化控制系统)设备及其附件、弱电系统敷设桥架(线槽)等部件	几何尺寸、平面定位、标高	类型、材料、敷设方式、安装方式、技术参数、产品信息、安装信息
供配电设备	配电成套柜、配电箱、变压器及配电元器件、发电机、备用电源、监控系统及辅助装置	几何尺寸、平面定位、标高	型号、类型、材料、敷设方式、技术参数、产品信息、安装信息
电缆、桥架等安装	支架和吊架	几何尺寸、平面定位、标高	类型（如型钢类型、管夹类型等）、材料、结构分析信息（如抗拉、抗弯）、产品信息、安装信息

施工过程模型钢结构专业模型元素及信息 表 A-24

模型元素类型	模型元素	非几何信息
	表 A-17 深化设计模型钢结构专业包括的元素类型及信息	
节点	连接板、加劲板等	材料信息、生产信息、构件属性信息、零构件图、工序工艺信息、成本信息、质量管理信息
预埋件		材料信息、生产信息、构件属性信息、工序工艺信息、成本信息、质量管理信息
预留孔洞	钢梁、钢柱、钢板墙、压型金属板等构件上的预留孔洞	生产信息、成本信息、质量管理信息

施工过程模型幕墙专业元素及信息 表 A-25

模型元素	非几何信息
表 A-18　深化设计模型幕墙专业包括的元素及信息	
幕墙面板、龙骨	成本信息、质量管理信息

施工过程模型装饰专业元素及信息 表 A-26

模型元素	非几何信息
表 A-19　深化设计模型装饰专业包括的元素及信息	
门、窗、扶手、顶棚、面层	生产信息、成本信息、质量管理信息

附录 B 术语

1. 建筑信息模型 building information modeling（BIM）

全寿命期工程项目或组成部分物理特征、功能特性及管理要素的共享数字化表达。

2. 工业基础类 industry foundation class（IFC）

建筑行业内面向对象的开放式数据交换标准，在建筑信息模型中提高软件平台之间的兼容性。

3. 信息交付手册 information delivery manual（IDM）

规定项目交付全寿命期过程所需信息内容的详细规范。

4. 模型视图定义 model view definition（MVD）

包括所需属性、管线、数量定义等全部概念的一种特定 IFC 子集。

5. 集成项目交付 integrated project delivery（IPD）

建筑工程项目中将业主、设计方、总承包商等参与方的工作进行集成，最大化实现精益建设的项目交付方法。

6. 精益建设 lean construction

能够连续改进设计、施工、运营和维护过程，实现受益方价值最大化，浪费最小化的建设管理理论。

7. 总控方 overall control party

建设工程中各参与方的工作协调者，对项目的质量、安全、进度、成本等工作任务进行总体策划和控制。

8. 模型细度 level of development（LOD）

模型在项目各发展阶段所具备的特定元素和详细程度。

9. 土建模型 civil engineering model

建筑专业与结构专业的模型统称。

10. 机电模型 mechanical，electrical & plumbing model（MEP Model）

给水排水专业、暖通专业与电气专业的模型统称。

11. 工作分解结构 work breakdown structure（WBS）

以可交付成果为导向对项目要素进行的分组，归纳和定义项目的整个工作范围，每下降一层代表对项目工作的更详细定义。

12. 楼宇自控系统 building automation system（BAS）

对建筑的中央空调系统、给排水系统、供配电系统、照明系统、电梯系统等所有公用机电设备进行集中管理和监控的综合系统。

参 考 文 献

［1］ 何关培 . BIM 总论［M］. 北京：中国建筑工业出版社，2011.

［2］ 清华大学 BIM 课题组等 . 设计企业 BIM 实施标准指南［M］. 北京：中国建筑工业出版社，2013.

［3］ 刘占省，赵雪峰 . BIM 技术与施工项目管理［M］. 北京：中国电力出版社，2015.

［4］ 查克·伊斯曼，保罗·泰肖尔兹等 . BIM 手册［M］. 北京：中国建筑工业出版社，2011.

［5］ 中国建筑施工行业信息化发展报告（2015）——BIM 深度应用与发展 . 北京：中国城市出版社，2015.

［6］ 中华人民共和国住房和城乡建设部 . 建筑工程设计文件编制深度规定 . 2008.

［7］ 清华大学 . 中国建筑信息模型标准框架研究 . 2011.

［8］ 住房和城乡建设部信息中心 . 中国建筑施工行业信息化发展报告 . 2016.

［9］ 上海市城乡建设和管理委员会 . 上海市建筑信息模型技术应用指南 . 2015.

［10］ 美国国家标准 . National Buiiding Information Modeling Standard（Version2）. 2012.

［11］ 美国建筑师协会 . AIA Document G202™-2013，Project Building Information Modeling Protocol Form.

［12］ 美国总承包协会 . Level of Development Specification Vertion：2013.